Las leyes de la simplicidad

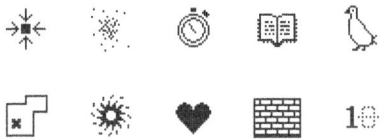

John Maeda

LAS LEYES DE LA
SIMPLICIDAD

DISEÑO, TECNOLOGÍA, NEGOCIOS, VIDA

Traducción de
Iñaki Ogallar

Herder

Título original: The Laws of Simplicity
Traducción: Iñaki Ogallar
Diseño de la cubierta: Carlos Pan

© 2006, *Massachusetts Institute of Technology*
© 2026, *Herder Editorial, S. L., Barcelona*

ISBN: 978-84-254-5421-9

Imprenta: Ulzama digital
Depósito legal: B-2996-2026

Impreso en España - Printed in Spain

Herder
www.herdereditorial.com

ÍNDICE

Para Kris
Prometo amarte más, pero nunca menos

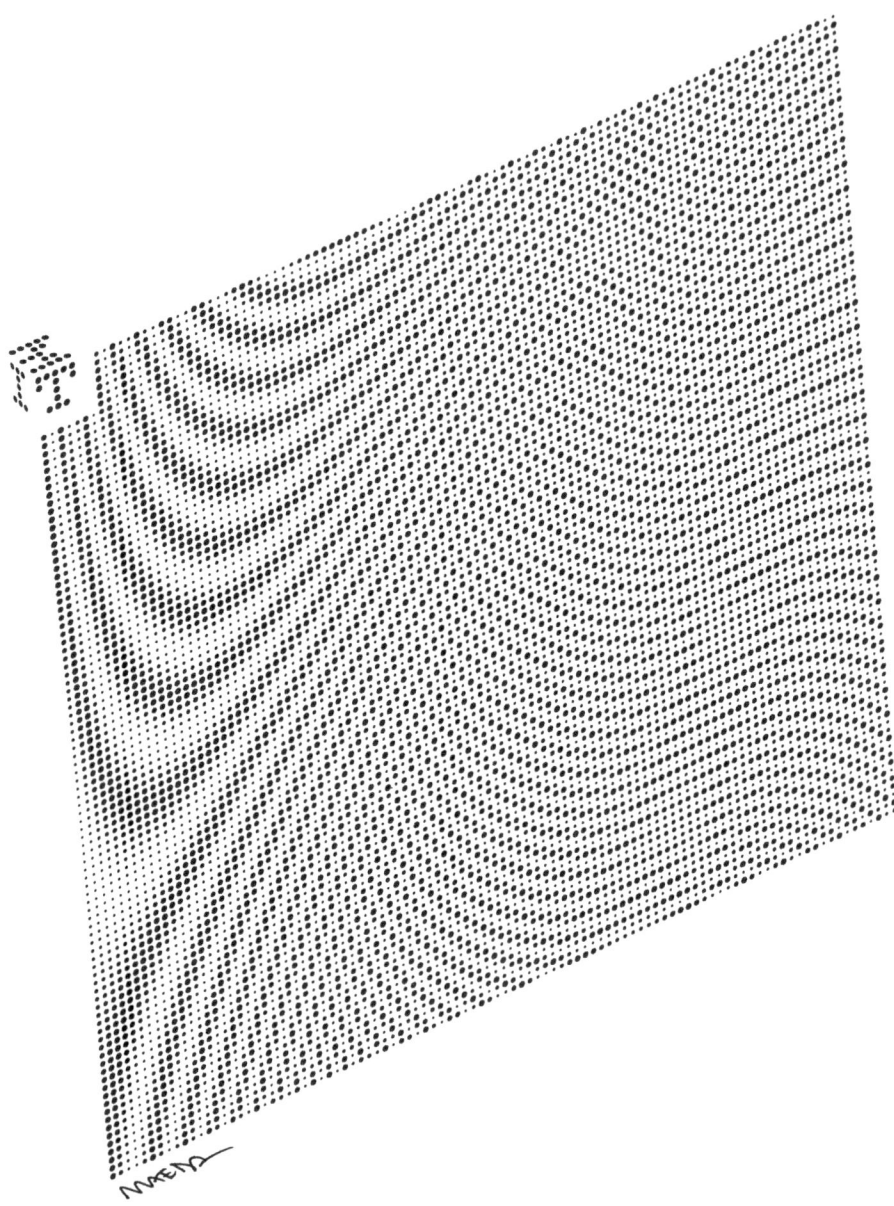

SIMPLICIDAD = EQUILIBRIO

La tecnología ha llenado nuestras vidas hasta tal punto que nos hemos «atiborrado»

Observé el proceso por el que mis hijas consiguieron, radiantes, sus primeras cuentas de correo electrónico. Comenzó poco a poco, como un goteo de correos electrónicos entre ellas. Fue creciendo como una ligera llovizna a medida que sus amigas se unían al flujo de comunicación. Hoy por hoy es un torrente de mensajes, tarjetas electrónicas y enlaces el que les inunda cada día.

Suelo pedirles que se resistan a la tentación de comprobar su correo electrónico a lo largo del día. Les digo que cuando sean mayores tendrán muchas ocasiones de navegar en ese océano de información. «¡No os acerquéis!», les advertía, porque incluso yo, como tecnólogo de altos vuelos, tengo dificultades para mantenerme a flote. Sé que no soy el único que tiene este sentimiento de ahogo constante; somos muchos los que entablamos con regularidad (o no) centenares de conversaciones diarias por correo electrónico. Sin embargo, me siento responsable en cierta medida.

Los gráficos dinámicos, fruto de mis primeros experimentos artísticos con el ordenador, son ahora habituales en los sitios web. Ya saben a qué me refiero; todas esas imágenes que revolotean en la pantalla del ordenador mientras el usuario trata de concentrarse son cosa mía. Soy responsable, en parte, del flujo inagotable de «distracciones visuales» que iluminan el paisaje de la información. Lo lamento, y durante largo tiempo he deseado hacer algo al respecto.

Alcanzar la simplicidad en la era digital se convirtió en una cruzada personal y en el objetivo de mi investigación en el MIT (Instituto de Tecnología de Massachussets), en donde he tenido la oportunidad de experimentar en los campos del diseño, la tecnología y los negocios, como educador y como usuario. Ya en mis primeras cavilaciones realicé una sencilla observación acerca de las letras «M», «I» y «T», siglas por las que es conocida mi universidad. Estas letras se encuentran en una secuencia natural en la palabra SIMPLICITY («simplicidad», en inglés). De hecho, lo mismo se puede decir de la palabra COMPLEXITY («complejidad»). Dado que la «T» en M-I-T significa «tecnología», que es la causa de que muchos nos sintamos abrumados hoy en día, me sentí doblemente responsable de que alguien, en el MIT, tomase la decisión de liderar el proceso para corregir la situación.

En 2004 fundé el Consorcio de la SIMPLICIDAD del MIT en el Laboratorio de Medios, compuesto por unas diez empresas, entre las que se encuentran AARP, Lego, Toshiba y Time. Nuestro cometido consiste en definir el valor de la simplicidad en la comunicación, la sanidad y el ocio. Juntos diseñamos y creamos prototipos de sistemas y tecnologías que señalan que la clave del éxito en el mercado pasa por la simplicidad de los productos. En el momento de la publicación de este libro, un novedoso producto para publicar en red las fotografías digitales, desarrollado en colaboración con Samsung, servirá como punto de información comercial para probar la validez de la postura del Consorcio acerca de la simplicidad. Cuando la blogosfera comenzó a emerger, decidí crear un blog para plasmar la evolución de mis pensamientos acerca de la simplicidad. Me dispongo a encontrar un conjunto de «leyes» de la simplicidad, marcándome dieciséis principios como objetivo. Como la mayoría de los blogs, ha sido un lugar en el que he compartido pensamientos inéditos que representan mis opiniones personales acerca de un tema que me apasiona. Y aunque el tema del blog fuese abordado en las líneas relativas al diseño, la tecnología y los negocios, descubrí que reaccionaban al tema que lo sustentaba todo: mi lucha por comprender el sentido de la vida desde mi condición de tecnólogo humanista.

Durante mi viaje, he descubierto cuán complejo puede llegar a ser un tema como la simplicidad, y no pretendo haber resuelto el enigma. Después de mi conversación con un viejo profesor de lengua del MIT de 85 años que había dedicado toda su vida a trabajar en el mismo problema, conseguí la inspiración para luchar con el enigma durante muchos años. Mi blog me enseñó que no hay dieciséis leyes, sino que se limitan a las diez que se describen en este libro. Al igual que todas las leyes hechas por el hombre, no existen en sentido absoluto, no es un pecado infringirlas. Aunque pueden resultar útiles en la medida en que buscan la simplicidad (y el equilibrio) a través del diseño, la tecnología, los negocios y la vida.

LA SIMPLICIDAD Y EL MERCADO

Las promesas de simplicidad abundan en el mercado. Citibank tiene una tarjeta de crédito inspirada en la «simplicidad», Ford ha «simplificado sus precios» y Lexmark promete «eliminar complicaciones» al consumidor. Esta infinidad de llamadas a la simplicidad han creado una tendencia que ha resultado inevitable, dada la estructura del sector tecnológico, que se caracteriza por vender siempre lo mismo, aunque «nuevo y mejorado», y donde a menudo «mejorado» significa, simplemente, *más*. Imaginemos un mundo en el que las compañías de *software* hubieran simplificado sus programas equipándolos cada año con un 10 % menos de características a un importe un 10 % superior debido al coste de la simplificación. Para el consumidor, obtener menos y pagar más parece contradecir los principios razonables de la economía.

Proponga a un niño compartir una galleta. ¿Qué mitad de la galleta querrá el niño?

A pesar de la lógica de la demanda, «la simplicidad vende», según defendió en 2006 David Pogue, columnista del *New York Times*, en una presentación durante la Conferencia anual sobre Tecnología, Diseño y Entretenimiento (TED, por sus siglas en inglés) en Monterrey. El indiscutible éxito comercial del iPod de Apple, un aparato con menos funciones y más caro que otros reproductores digitales de música, es un ejemplo clave para sostener esta tendencia. Otro ejemplo lo constituye la engañosa interfaz de Google, un poderoso motor de búsqueda que ha acabado acuñando el término «googlear» para denominar la «búsqueda en la web» a causa de su popularidad. La gente no se limita a comprar, también quiere diseños que sean capaces de simplificar sus vidas. En un futuro próximo, las tecnologías complejas seguirán invadiendo nuestros hogares y nuestros lugares de trabajo, de manera que la simplicidad se va a convertir en un sector en crecimiento.

La simplicidad es una cualidad que, además de suscitar una lealtad apasionada por el diseño de un producto, se ha convertido en una herramienta estratégica para que los negocios afronten sus propias complejidades intrínsecas. El conglomerado holandés Philips encabeza el sector con su entrega total para alcanzar «sensatez y simplicidad». En 2002 fui invitado por Andrea Ragnetti, miembro del Consejo de Dirección, a unirme al Comité Asesor para la Simplicidad (CAS) de Philips. En un principio pensé que la «sensatez y la simplicidad» no eran sino un esfuerzo por afianzar la imagen de la marca, pero fue durante la primera reunión del CAS en Ámsterdam, en compañía de Ragnetti y del presidente de su Consejo de Administración, Gerard Kleisterlee, cuando fui consciente de la trascendencia de su ambición. Philips no solo pretende reorganizar sus líneas de producción, sino también todos sus hábitos en torno a la simplicidad. Cada vez que explico esta historia a los dirigentes del sector, la respuesta que obtengo es que Philips no está solo buscando reducir las complejidades de sus negocios. Con ello ha abierto la veda para hacer avanzar la economía de manera más sencilla y eficaz.

¿A QUIÉN VA DIRIGIDO ESTE LIBRO?

Como artista, quisiera decir que he escrito este libro para mí mismo por la misma razón por la que se escala una montaña, porque está ahí. Pero la verdad es que lo he escrito como respuesta a las numerosas voces de aliento que he recibido, por correo electrónico o en persona, por parte de gente deseosa de entender mejor lo que es la *simplicidad*. Me lo han dicho bioquímicos, ingenieros de producción, artistas digitales, amas de casa, empresarios tecnológicos, responsables de la construcción de carreteras, escritores de ficción, agentes inmobiliarios y oficinistas, y el interés parece ir en aumento. Tanto apoyo siempre desanima, pues hay hasta quien se preocupa por las connotaciones negativas de la simplicidad, que pueden conducir a un mundo simplista y «atontado». Usted podrá ver en la última parte de este libro que otorgo una importancia relativa a la complejidad y a la simplicidad como rivales necesarios entre sí. De este modo, me doy cuenta de que la idea de erradicar la complejidad de la Tierra parece ser el camino más corto para alcanzar la simplicidad, y puede que no sea esto lo que realmente deseamos.

En un principio, ideé este libro como una especie de *Manual de la Simplicidad*, para dar a los lectores una idea de los fundamentos de la simplicidad en lo referente al diseño, la tecnología, los negocios y la vida. Pero luego he comprobado que el estudio de los fundamentos puede llevarme hasta que cumpla 85 años, como mi amigo profesor, por lo que de momento bastará con el esbozo que tiene usted en sus manos. De igual modo, mientras realizaba mis estudios de posgrado averigüé que la mayoría de los libros referentes a la innovación y a los negocios han sido publicados por una autoridad individual. Muchos acontecimientos edificantes me han tranquilizado a lo largo de mi vida, por otro lado extremadamente afortunada, por lo que he querido buscar algo que sea más sentimental que un libro dedicado específicamente a la tecnología o al mercado de los negocios.

Mis amigos de MIT Press han estado a favor de un enfoque más suave y más creativo sobre el creciente ruedo de la simplicidad; este es el primer paso en esta serie. Los aspectos del precio y el diseño de estos libros han sido cuidadosamente dirigidos a los lectores críticos que buscan algo nuevo y diferente. En el corazón de esta serie hay un enfoque del negocio de la tecnología basado en el conocimiento de un experto en el diseño que además posee una pizca de curiosidad acerca de la vida. Sea usted bienvenido a esta experiencia creativa.

¿CÓMO UTILIZAR ESTE LIBRO?

Las diez Leyes resumidas a lo largo de este libro son generalmente independientes las unas de las otras, y pueden ser utilizadas de manera conjunta o de forma individual. Trataremos primero los tres condimentos de la simplicidad, representados respectivamente por las series sucesivas de tres Leyes (1 a 3, 4 a 6 y 7 a 9) que corresponden, a su vez, a los estados de la simplicidad en un grado creciente de complejidad: básica, intermedia y profunda. De los tres grupos, la simplicidad básica (1 a 3) se aplica inmediatamente a la reflexión acerca del diseño de un producto o la disposición de su sala de estar. La simplicidad intermedia (4 a 6) tiene un significado más sutil, mientras que la simplicidad profunda (7 a 9) se aventura en reflexiones que todavía necesitan madurar. Para no perder el tiempo (con arreglo a lo que dicta la tercera Ley, la del TIEMPO), sugiero comenzar por la simplicidad básica (1 a 3) y pasar a continuación a la décima Ley, LA ÚNICA, que resume la totalidad.

Cada sección se compone de un conjunto de microensayos que se agrupan en torno a un tema principal. Raramente ofrezco respuestas; en cambio, planteo muchas preguntas, igual que usted. Cada una de las leyes se inicia con un icono diseñado por mí que representa los conceptos básicos que me dispongo a desarrollar. Las imágenes no son una explicación literal de los contenidos, pero pueden ayudar a valorar mejor cada una de las Leyes. Mi página web asociada, *lawsofsimplicity.com*, ofrece contenidos que puede usted descargar para motivarse, por ejemplo, diseños artísticos de fondos de escritorio.

Además de las diez Leyes, propongo también tres Claves para alcanzar la simplicidad en el ámbito de la tecnología. Considérelas como zonas donde invertir recursos de I+D o, sencillamente, para ojearlas. El modo en que estas Claves y las Leyes se conectan con la valoración del mercado se ha convertido en mi nuevo pasatiempo. Esos experimentos, así como otras predicciones acerca de las tendencias de la simplificación de la tecnología, también pueden ser observados gratuitamente en *lawsofsimplicity.com*.

He fijado un número breve de páginas, de acuerdo con la tercera Ley relativa al ahorro de tiempo, por la que siento un especial afecto. De este modo, se puede leer el libro en su totalidad durante la pausa del almuerzo o durante un vuelo corto en avión. Por favor, no se sienta por ello obligado a precipitarse para terminar el libro. Cuando, con todo mi ardor juvenil, empecé a reflexionar sobre la simplicidad, me di cuenta de que nuestro mundo estaba siendo destruido por la complejidad, y que había que detenerla. Posteriormente, en una conferencia en la que intervine como orador, un artista de 73 años se acercó a mí y me dijo: «Esté tranquilo, el mundo *siempre* ha estado desmoronándose». Seguramente tiene razón, así que siga este consejo y trate de relajarse mientras lee este libro, si puede.

AGRADECIMIENTOS

Quisiera agradecer a Ellen Faran y a Robert Prior, del MIT Press, el hecho de apadrinar la publicación de este libro a un ritmo sin igual. Ambos se sintieron implicados de inmediato, desde el principio, por el acierto de la elección de la simplicidad como concepto procedente del MIT. Dado el apoyo que he recibido por parte del MIT Press, sé que su entusiasmo ha sido tan contagioso, que una tarea que normalmente es compleja ha sido realizada de manera mucho más simple. Por supuesto, no podría haber esperado otra cosa. ;–)

Este libro bebe de muchas fuentes de inspiración, y la mayoría saltan a la vista a lo largo de la explicación de las leyes. No me tomo la inspiración a la ligera; como indica la cuarta Ley, la del APRENDIZAJE, esta se ha instalado en medio de mi cerebro. Sigo buscando inspiración en mis brillantes estudiantes graduados, en mis laboriosos alumnos, en los admirables empleados y en mis incomparables colegas del MIT, en especial del Laboratorio de Medios.

Mis textos han sido trabajados y simplificados por la prodigiosa mente literaria de Jessie Scanlon. Conozco a Jessie desde su época en *Wired Magazine* y siempre recurro a ella para obtener la información más reciente acerca de las tendencias más actuales en el ámbito del diseño. Jessie ha sido mi maestra literaria a lo largo de este proceso, y le estoy muy agradecido por su tiempo y por su paciencia.

Una meticulosa revisión final ha sido realizada por mis alumnos Burak Arikan, Annie Ding, Brent Fitzgerald, Amber Frid-Jimenez, Kelly Norton y Danny Shen. ¡Gracias, chicos!

Por último, quiero dar las gracias a mi esposa Kris y a nuestras hijas por hacer que mi vida sea maravillosamente compleja e infinitamente simple al mismo tiempo.

DIEZ LEYES

1 REDUCIR: La manera más sencilla de alcanzar la simplicidad es mediante la reducción razonada.

2 ORGANIZAR: La organización permite que un sistema complejo parezca más sencillo.

3 TIEMPO: El ahorro de tiempo simplifica las cosas.

4 APRENDIZAJE: El conocimiento lo simplifica todo.

5 DIFERENCIAS: La simplicidad y la complejidad se necesitan entre sí.

6 CONTEXTO: Lo que se encuentra en el límite de la simplicidad también es relevante.

7 EMOCIÓN: Es preferible que haya más emociones a que haya menos.

8 CONFIANZA: Confiamos en la simplicidad.

9 FRACASO: En algunos casos nunca es posible alcanzar la simplicidad.

10 LA ÚNICA: La simplicidad consiste en sustraer lo que es obvio y añadir lo específico.

TRES CLAVES

1 LEJOS: Más aparenta ser menos simplemente alejándose, alejándose mucho.

2 ABRIR: La apertura simplifica la complejidad.

3 ENERGÍA: Utiliza menos, gana más.

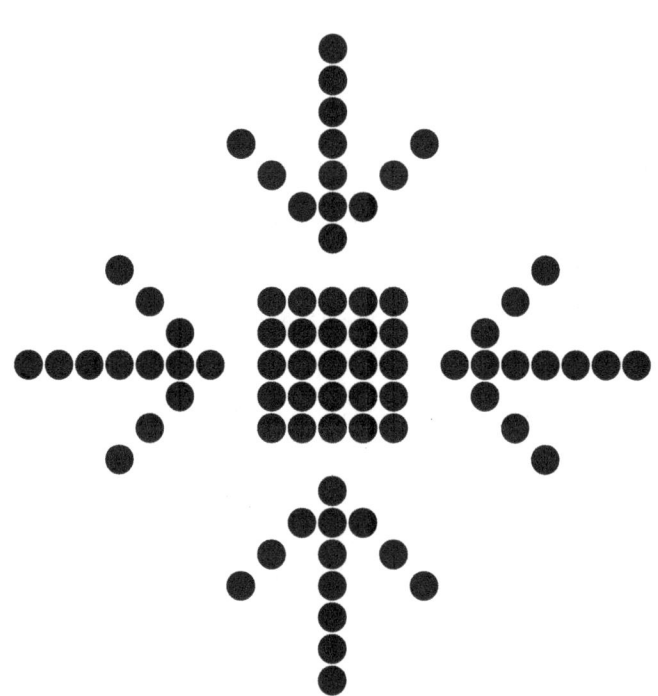

LEY i. REDUCIR

La manera más sencilla de alcanzar la simplicidad es mediante la reducción razonada

El modo más sencillo de simplificar un sistema es retirarle algunas de sus funciones. Los DVD, por ejemplo, tienen demasiados botones si todo lo que se quiere es ver una película. Una posible solución sería eliminar los botones para rebobinar, avanzar o expulsar, y así sucesivamente hasta que solo quede un botón: reproducir. Pero ¿qué hacer cuando desea usted visionar de nuevo una escena en particular? ¿O cuando necesita detener la película para ir al baño? La cuestión principal es: ¿dónde se encuentra el equilibrio entre la simplicidad y la complejidad?

¿HASTA QUÉ PUNTO SE PUEDE SIMPLIFICAR? ←···→ ¿QUÉ NIVEL DE COMPLEJIDAD ES NECESARIO?

Por una parte se desea un producto o un servicio que sea fácil de usar; por otra parte, también se quiere que sea capaz de hacer todo aquello que el usuario quiera que haga.

El proceso para alcanzar un estado idóneo de simplicidad puede llegar a ser realmente complejo; permítame, por tanto, que se lo simplifique. *La manera más sencilla de alcanzar la simplici-*

dad es mediante la reducción razonada. En caso de duda, elimínelo. Pero cuidado con aquello que se elimina.

ELLA SIEMPRE TIENE RAZÓN

Sería difícil decidir qué botón podemos eliminar de un reproductor de DVD si estamos obligados a ello. Se trata de decidir cuál merece vivir y cuál merece ser sacrificado y morir. Estas decisiones no son fáciles, más aún cuando la mayoría no hemos sido educados para ser déspotas. Nuestra preferencia natural es dejar vivir aquello que está vivo: si pudiésemos nos quedaríamos con todas las funciones posibles.

La auténtica simplificación se obtiene cuando es posible reducir las funciones de un sistema sin sufrir demasiadas penalidades. Cuando ha desaparecido todo lo que podía ser eliminado, es posible recurrir a un segundo conjunto de métodos. He bautizado estos métodos con el nombre de ELLA: ESTILIZAR, OCULTAR, INTEGRAR.

ELLA: ESTILIZAR

Si un objeto pequeño y sin pretensiones supera nuestras expectativas, no solo nos sorprende, también estamos encantados. Nuestra reacción suele ser habitualmente: «¿Esa cosa tan pequeña ha sido capaz de hacer todo eso?». La simplicidad tiene que ver con el placer inesperado que se deriva de aquello que parece insignificante y que de otro modo pasaría inadvertido. Cuanto más pequeño sea el objeto, más indulgentes seremos cuando no funcione como es debido.

Las cosas no son mejores solo porque sean más pequeñas, pero, cuando lo son, nuestra actitud tiende a ser más indulgente hacia su existencia. Un objeto cuyo tamaño sea mayor que el de una persona impone cierto respeto, mientras que un objeto pequeño puede ser algo que inspire compasión. Al comparar una cuchara con un buldócer, el gran tamaño del vehículo suscita temor, mientras que el utensilio de cocina parece inofensivo e inconsecuente. El buldócer puede atropellarte y acabar con tu vida, pero si se te cae una cuchara encima es más que probable que conserves la vida. Por supuesto, las armas de fuego, los espráis antivioladores y los karatecas bajitos son excepciones a la regla que indica que se debe «temer lo que es grande y confiar en lo que es pequeño».

La tecnología está experimentando una ESTILIZACIÓN. La capacidad de cómputo de una máquina que sesenta años atrás pesaba más de 27 toneladas y ocupaba una superficie de más de 167 metros cuadrados puede ser contenida actualmente en un trocito de metal más de diez veces menor que la uña del dedo meñique. La tecnología de chips de circuitos integrados (CI), habitualmente denominados «chips informáticos», permite obtener una gran complejidad a una escala mucho más reducida. Los chips de CI constituyen hoy en día el centro de la cuestión de los dispositivos complejos, ya que facilitan cada vez más la creación de aparatos más pequeños. Una cuchara y un teléfono móvil pueden tener exactamente las mismas dimensiones físicas, pero los numerosos chips de CI contenidos dentro del teléfono consiguen que dicho aparato sea más complejo que el buldócer; el aspecto puede resultar engañoso.

Por tanto, mientras que los CI se encuentran en el origen de la complejidad de los objetos de la vida moderna, también permiten estilizar el gran tamaño de una máquina aterradoramente compleja para que ocupe lo mismo que una pequeña gominola. Cuanto más pequeño sea el objeto, menores serán las expectativas, y cuantos más CI contenga, mayor será su potencia. En esta época, en la que la tecnología inalámbrica permite conectar los CI del teléfono con todos los ordenadores del mundo, la potencia es absoluta. No es posible regresar a la época en que los objetos de gran tamaño eran complejos y los objetos pequeños eran simples.

Los bebés son un ejemplo de máquinas complejas que requieren, a pesar de su tamaño reducido, una atención constante que puede conducir a la mayoría de los padres a la locura. Incluso en medio de los trastornos que originan, cuando invaden nuestra fatiga con sus lindos ojazos, como queriendo decir «¡Ayúdame!, ¡quiéreme!», se produce un momento maravilloso. Se dice que ese irresistible encanto constituye su principal mecanismo de autodefensa, y he comprobado personalmente que funciona por haberlo experimentado en muchas ocasiones. La fragilidad es una fuerza esencial para contrarrestar la complejidad porque puede suscitar compasión (en inglés, *pity*, que casualmente también se encuentra en la palabra SIMPLICITY).

La ciencia que consiste en que un objeto parezca delicado y frágil ha sido cultivada a lo largo de la historia del arte. Un artista es formado para despertar emociones en sus semejantes mediante su trabajo a través de la compasión, el temor, la ira o cualquier otro sentimiento o combinación de los mismos. Entre las numerosas herramientas de las que el artista dispone para realzar el empequeñecimiento del tamaño de su obra se encuentran el uso de elementos ligeros y finos.

Por ejemplo, el dorso reflectante de un iPod de Apple crea la ilusión de que el objeto es tan fino como la capa de plástico blanca o negra que lo cubre porque el resto del objeto se adapta a su continente. Naturalmente finas, las pantallas planas, como las pantallas de cristales líquidos o de plasma, están diseñadas para parecer incluso más ligeras colocándolas en soportes minúsculos o, en caso extremo, sobre una plataforma invisible de acrílico. Otro enfoque muy utilizado para conseguir la finura es el caso de la carcasa abatible oblicua del ThinkPad de Lenovo: a medida que se baja la mirada hacia la parte inferior del teclado, se observa una ausencia de materia. Puede usted observar libremente una amplia serie de diseños de este tipo en *lawsofsimplicity.com*. Cualquier diseño que sea ligero y fino ofrece la impresión de ser más pequeño, más insignificante y más humilde. La compasión da paso al respeto cuando el valor del objeto es muy superior al que se espera inicialmente. Existe un flujo constante de tecnologías centrales que van a conseguir que las cosas sean más pequeñas, como la nanotecnología, que es la ciencia de fabricar máquinas que caben entre los dedos pulgar e índice. Minimizar el inevitable auge de la complejidad de estas tecnologías mediante la estilización puede parecer una forma de frustración, cosa que es; no obstante, cualquier cosa que pueda disminuir la dosis de complejidad es una forma de simplicidad, incluso cuando se trata de un acto de frustración.

ELLA: OCULTAR

Cuando han sido eliminadas todas las características que podían serlo, y cuando un producto ha sido estilizado, aligerado y afinado, es el momento de utilizar el segundo método: conseguir que la complejidad permanezca OCULTA mediante el uso de la fuerza bruta. El ejemplo más típico del uso de esta técnica es la navaja suiza. Solamente permanece visible la herramienta que está siendo utilizada, mientras que las otras cuchillas y destornilladores permanecen ocultos.

Con su interminable ejército de botones, los mandos a distancia de los equipos de audio/vídeo son particularmente confusos. En los años noventa, una solución de diseño típica era la ocultación de las funciones menos utilizadas debajo de una tapadera cerrada, como el botón de ajuste de la hora o de la fecha, manteniendo visibles únicamente las funciones principales, como reproducir, detener y expulsar. Este enfoque ya no es habitual, probablemente a causa de una combinación de los costos añadidos de fabricación y de la creencia de que las características visibles (los botones) constituyen un elemento importante para atraer a los compradores.

Dado que el estilo y la moda se han convertido en elementos poderosos en el mercado de los teléfonos móviles, los fabricantes de los terminales se han visto impulsados a encontrar el equilibrio entre la elegancia de la simplicidad y la complejidad de todo aquello que es necesario. En la actualidad, el diseño de la carcasa abatible es el ejemplo más evolucionado de la ocultación de funciones hasta que son realmente necesarias. Todos los botones se encuentran ubicados entre el altavoz y el auricular, de manera que cuando se cierra parece una simple pastilla de jabón. Muchos diseños han ido más allá de la carcasa abatible y emplean mecanismos deslizantes o extraíbles. Dichas evoluciones siguen las tendencias de un mercado que demanda innovación y que está deseoso de encontrar modos inteligentes de OCULTAR la complejidad, aunque sea pagando.

Pero es probable que no haya un mejor ejemplo para ilustrar el método de ocultación que las interfaces de los ordenadores actuales. La barra de menú en la parte superior oculta las funciones de la aplicación. Y los otros tres lados de la pantalla contienen otros menús ocultos y paletas que aparecen mediante una simple pulsación, y que parecen multiplicarse a medida que aumenta la potencia del ordenador. Este esconde una capacidad oculta infinita con el fin de crear una ilusión de simplicidad. Ahora que las pantallas de los ordenadores se han reducido al tamaño de los teléfonos móviles, de los hornos microondas y de todo tipo de artefactos electrónicos de consumo, la posibilidad de ocultar cantidades ingentes de complejidad se encuentra en todas partes.

La ocultación de la complejidad mediante ingeniosas tapaderas mecánicas o pequeñas pantallas es una forma abierta de engaño. Si el engaño es percibido más como magia que como mala intención, las complejidades ocultas se convierten entonces antes en una especie de placer que en un perjuicio. El «clic» característico que se produce al abrir un teléfono móvil Motorola Razr o la presentación cinemática visual de la pantalla de un Mac os x de Apple crean la satisfacción de poder obtener complejidad a partir de la simplicidad. De este modo, la complejidad se convierte en un conmutador que el usuario puede activar según su propio criterio, y no por iniciativa del aparato. Al ESTILIZAR un objeto se reducen las expectativas que se tienen sobre él, mientras que, al ocultar sus complejidades, el usuario puede administrar sus expectativas por sí mismo. En la tecnología se encuentra el origen de la complejidad, aunque también facilita nuevos materiales y métodos para el diseño de nuestra relación con las complejidades que no cesan de proliferar. Inspirar «compasión» y escoger el modo de «control» parecen modos crueles de enfocar la simplicidad, pero estos pueden ser contemplados desde una óptica positiva por los sentimientos placenteros que suscitan.

ELLA: INTEGRAR

Cuando se ocultan las características y se estilizan los productos, se hace incluso más necesario integrar el objeto en el sentido del valor que se ha perdido después de ser OCULTADO y ESTILIZADO. Los consumidores solamente serán atraídos hacia el producto más pequeño y menos funcional si perciben que su valor será superior al de una versión del mismo más grande y con más prestaciones. La percepción de la calidad se convierte entonces en un factor crítico en la elección de menos sobre más.

La cualidad de INTEGRACIÓN es ante todo una decisión empresarial, más aún que una decisión de diseño o de tecnología. La cualidad puede ser real cuando se integran materiales y medios de fabricación de mejor calidad, aunque también puede ser subjetiva, como lo refleja una estudiada campaña de mercadotecnia. Dónde se debe invertir para generar una rentabilidad máxima, si en la cualidad real o en la cualidad subjetiva, es una cuestión que no tiene una sola respuesta certera.

La perfección percibida por los consumidores puede ser programada gracias al poder de la mercadotecnia. Al ver a un superdeportista como Michael Jordan utilizando zapatillas de la marca Nike, es inevitable establecer una relación entre las zapatillas de deporte y algunas de sus heroicas cualidades. Incluso si no se asocia con una celebridad, un mensaje de mercadotecnia puede ser una herramienta muy poderosa para fomentar la fe en una cualidad. Por ejemplo, aunque generalmente siempre he sido fiel a Google, he tenido la ocasión de ver recientemente una serie de anuncios de Microsoft live.com y Ask.com en televisión, y ahora Google me parece mucho menos eficaz. El poder de la sugestión es poderoso.

La integración de un objeto con propiedades de una cualidad real es la base del sector de los artículos de lujo y tiene su origen en el uso de materiales valiosos y de mano de obra exquisita. En relación con esto, un diseñador de Ferrari me dijo una vez que un Ferrari tiene menos componentes que un coche normal, pero cada uno de sus componentes tiene una calidad muy superior a la de cualquier otra cosa en este mundo. Esta elegante anécdota acerca de la fabricación emplea una filosofía elemental, según la cual, si unos buenos componentes pueden dar como resultado un producto estupendo, unos componentes excepcionales son la clave para un producto legendario. A veces se cometen excesos, como el revestimiento de titanio de mi ordenador portátil, pues es poco probable que llegue a necesitar la resistencia del titanio para protegerme del impacto de una bala, aunque disfruto de la satisfacción personal que proporciona el uso de un material de mejor calidad que cualquier plástico. El aspecto positivo del materialismo es que *nuestro* estado de ánimo puede variar según los objetos que poseamos.

A veces funciona la asociación de cualidades reales y de cualidades subjetivas, como en el diseño de los mandos a distancia de Bang & Olufsen. El diseño de la unidad es fino y esbelto, y ha sido fabricado con los mejores materiales, pero es considerablemente (e intencionadamente) más pesado de lo que su apariencia deja suponer con el fin de transmitir de modo sutil una calidad superior. Las tecnologías significativas, como tres series de imágenes CCD dentro de una videocámara en lugar de la serie única habitual, son generalmente inapreciables. El caso es que la percepción necesita visualizarse de alguna manera; desafortunadamente, en contra de la regla de la OCULTACIÓN. Una discreta etiqueta en el aparato, como «3 CCD», o un mensaje que aparece al encender el aparato por primera vez ayudan a comunicar la existencia de esta cualidad oculta. Es necesario anunciar las cualidades que no pueden ser comunicadas de manera implícita, especialmente cuando el mensaje de la integración se limita a decir la verdad.

ELLA DESPUÉS DE ELLA

Hay que minimizar todo aquello que pueda ser minimizado y ocultar todo lo que se pueda ocultar sin llegar a perder el valor interno. INTEGRAR un mayor sentido de la calidad mediante materiales mejorados y otros mensajes constituye un contrapeso importante y sutil para ESTILIZAR y OCULTAR los aspectos visibles de un producto. El diseño, la tecnología y los negocios funcionan a la par con el fin de tomar las decisiones que conducirán a determinar cuánta reducción se puede tolerar en un producto y cuánta calidad podrá integrar a pesar de la reducción que ha sufrido. Lo pequeño es mejor después de ELLA.

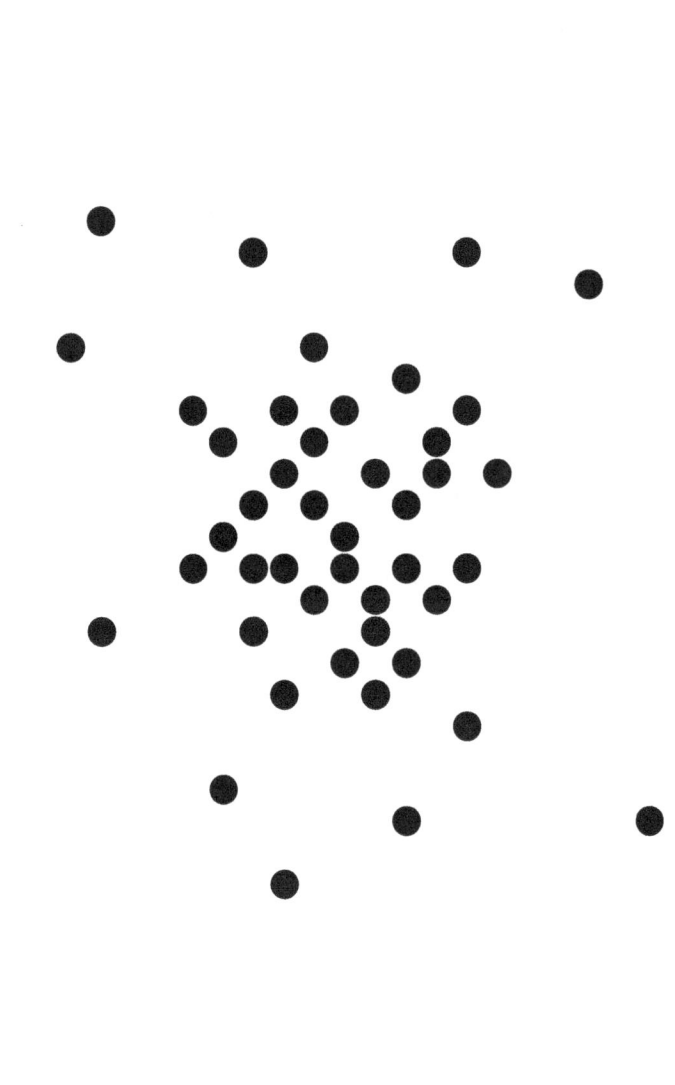

LEY 2. ORGANIZAR

La organización permite que un sistema complejo parezca más sencillo

El hogar es generalmente el primer campo de batalla en que pensamos al enfrentarnos al desafío diario de lidiar con la complejidad. Parece que las cosas se multiplican. Existen tres estrategias lógicas para alcanzar la simplicidad en la vida real: 1) comprarse una casa más grande; 2) guardar en un almacén todo aquello que no es necesario, o 3) organizar todas las posesiones según una serie de sistemas. Estas soluciones típicas tienen resultados diversos. En un principio, un hogar más grande disminuye el desorden en proporción con el espacio. Aunque al final, cuanto más espacio hay, mayor es el desorden. La opción del almacén permite incrementar la cantidad de espacio vacío, aunque este se colme inmediatamente con más cosas que necesitan ser llevadas de nuevo al almacén. La opción final, que consiste en establecer un sistema, se presenta bajo la forma de armarios organizadores que ayudan a estructurar el caos mientras permanezcan vigentes los principios organizativos. Me llama la atención el hecho de que los tres sectores interesados por la reducción del desorden (el mercado inmobiliario, los servicios de almacenamiento fácil –como Door to Door– y los vendedores de mobiliario organizativo –como Container Store–) están en plena expansión.

La ocultación de la importancia del desorden, extendiéndolo o escondiéndolo, es un enfoque arbitrario cuya efectividad es garantizada por la Ley de REDUCIR. Solo existen dos preguntas que se pueden formular durante el procedimiento de descomplicación: «¿qué ocultar?» y «¿dónde ponerlo?». Sin demasiada reflexión, y con un poco de ayuda, una habitación desordenada puede quedar libre de todo desorden en poco tiempo, y puede permanecer así durante al menos unos días o una semana.

Sin embargo, a largo plazo, y para conseguir un éxito definitivo en la doma de la complejidad, se hace necesario un plan de organización eficaz. En otras palabras, la cuestión más desafiante acerca de «¿cuáles son los elementos que se corresponden entre sí?» necesita ser añadida a la lista. Por ejemplo, en un armario pueden agruparse artículos similares como corbatas, camisas, pantalones, chaquetas, calcetines y zapatos. Un guardarropa de mil prendas puede ser organizado en seis categorías, y puede ser administrado en su globalidad hasta alcanzar una gran facilidad de organización. *La organización permite que un sistema complejo parezca más sencillo.* Por supuesto, esto funciona solamente si el número de grupos es considerablemente inferior al número de elementos que deben ser organizados.

Al trabajar con menos objetos, menos conceptos y menos funciones, hay menos botones que pulsar y, por tanto, se simplifican las decisiones frente a la alternativa de tener demasiadas opciones. Sin embargo, la toma de las decisiones correctas para alcanzar la integración a través de elementos dispares puede resultar un proceso complejo que sobrepasa con facilidad la vulgar tarea de ordenar su propio armario. Aquí tratamos de describir las ideas más sencillas para ayudarle a retomar su camino.

Es fácil conjuntar pares de calcetines al sacarlos de la lavadora cuando son todos del mismo tipo y modelo. Desafortunadamente, la mayoría de los efectos que se cruzan en nuestro camino no siempre son tan simples como un vulgar par de medias negras. Ver el bosque detrás de los árboles constituye un objetivo común que se facilita mediante un proceso específico al que he denominado DESLIZAR: ÓRDENES, RÓTULOS, INTEGRAR, PRIORIZAR.

ÓRDENES: Apuntar en pequeñas notas de papel cada uno de los datos que ha de ser DESLIZA-do. Colocarlos sobre una superficie plana con el fin de encontrar agrupaciones naturales. Por ejemplo, permítame DESLIZAR mis pensamientos acerca de las tareas urgentes que quedan por hacer hoy: *mit press, maharam, peter, kevin, amna, annie, burak, saéko, reebok, t&h, dwr,* y así sucesivamente. Al moverlos con las manos y colocarlos los unos junto a los otros se obtienen los grupos siguientes.

amna	danny	maharam	peter	seung-hun
burak	brent	wired	kevin	atsushi
kelly	isha	reebok	mike	lisbeth
annie	amber	t&h	saéko	
		dwr		
		mit press		

RÓTULOS: Cada uno de los grupos lleva un nombre determinado. Si no es posible decidir el nombre, se puede asignar un código arbitrario, como una letra, un número o un color. La capacidad para el establecimiento de ÓRDENES y de RÓTULOS requiere práctica, como cualquier deporte profesional.

AHORA	2.º AÑO	I.ᴱᴿ AÑO	AHORA+	NUEVO	CERCANO	LEJANO
amna	annie	brent	wired	moharam	peter	saeko
mike	burak	isha	mit press	reebok	kevin	atsushi
	kelly	amber		tah		seung·hun
	danny			dwr		lisbeth

INTEGRAR: Cada vez que sea posible, integrar aquellos grupos que se parecen lo bastante. En esta fase, ciertos grupos se quedarán aislados. Generalmente, cuantos menos grupos haya, mejor.

AHORA	INVESTIGACIÓN		NUEVO	CERCANO	
wired	annie	brent	moharam	peter	saeko
mit press	burak	isha	reebok	seung·hun	atsushi
amna	kelly	amber	tah	lisbeth	kevin
mike	danny		dwr		

PRIORIZAR: Para terminar, reunir los elementos de mayor prioridad dentro de un solo conjunto para asegurarse de que reciben la mayor atención. El Principio de Pareto es de gran utilidad como regla de tres al admitir que, en cualquier paquete de información, el 80 % del contenido puede ser procesado generalmente como de menor prioridad, mientras que el 20 % requiere el mayor nivel de atención. Todo es importante, aunque el paso crítico es conocer el punto de partida. La presunción de Pareto simplifica el proceso de enfoque de los pocos «elementos principales».

PRINCIPALES	BASE				SIGUIENTES
wired	annie	atsushi	danny	brent	moharam
mit press	burak	saéko	seung-hun	amber	reebok
amna	kelly	peter	lisbeth	isha	tah
mike		kevin			dwr

DESLIZAR es, por tanto, un proceso libre que sirve para encontrar las respuestas a la pregunta: ¿Cuáles son los elementos que se corresponden entre sí?». Los numerosos trocitos de notas de papel que se encuentran sobre mi escritorio constituyen el sistema que mis dedos han conducido del caos al orden. La mejor inversión que se puede realizar es aquella que permite encontrar el sistema de organización que mejor se adapta a nuestras necesidades.

No existe la ciencia de DESLIZAR; por tanto, el método no es ni correcto ni malo. Es necesario adaptarlo a medida que se utiliza. Al DESLIZAR-se (*sic*), si no hay nadie que le vea caer, el intento merece la pena. Puede usted utilizar una herramienta informática gratuita que encontrará en *lawsofsimplicity.com*, y que le permitirá DESLIZAR-se sin necesidad de inundar su escritorio con trocitos de papel.

TAB⟨LAS⟩

La organización es el tema principal de esta Ley, y una de las numerosas maneras de iniciarse es DESLIZAR-se. Los «métodos de organización» de Google pueden proporcionar millones de modos de iniciarse, así como la popular técnica denominada «mapa de ideas», en la que los elementos relacionados entre sí se extienden como los radios de una rueda. Además, una búsqueda detallada en la Red revelará tres y hasta cuatro algoritmos dimensionales para organizar los pensamientos junto con unas sorprendentes acrobacias visuales. Los textos animados salen hasta de debajo de las piedras, las imágenes surgen de una estructura en forma de espina dorsal y las ideas flotan y vuelan en paisajes reales en 3D. La presentación visual de la información es un asunto del que se supone que conozco algunos detalles, dado que representa la piedra angular de mi carrera. Y no importa lo mucho que haya llegado a aprender acerca del intrincado mundo del diseño gráfico, pues siempre acabo en el mismo punto: la tecla «tabulador». En la época de la máquina de escribir, la tecla de tabulación era la que tenía la mágica capacidad de crear el orden a partir del caos. La tradición de la tecla de tabulación pervive aún en la época del procesador de texto, aunque desgraciadamente se ha perdido el reconfortante sonido del avance del tabulador de las máquinas de escribir. Tal vez la mayoría de los estudiantes no diplomados reflejen el curioso aspecto de las «máquinas de escribir».

La importancia de la tecla de tabulación para el concepto de la organización radica en que se trata de la única tecla del teclado que ha sido diseñada para simplificar la información. Analicemos la siguiente lista de elementos:

rojo león cola pimienta zafiro
azul oso granizado sal diamante
verde aligátor martini msg topacio
rosa flamenco café expreso ajo rubí
blanco jirafa leche comino esmeralda
negro pingüino cerveza azafrán amatista
gris perro agua canela turquesa

Tal y como aparecen ordenados, el sistema de organización conceptual no está claro. La complejidad queda remediada mediante una generosa utilización de tabulaciones, con lo que entonces las categorías cobran vida y aparece el orden.

rojo	león	cola	pimienta	zafiro
azul	oso	granizado	sal	diamante
verde	aligátor	martini	msg	topacio
rosa	flamenco	café expreso	ajo	rubí
blanco	jirafa	leche	comino	esmeralda
negro	pingüino	cerveza	azafrán	amatista
gris	perro	agua	canela	turquesa

La visión de los datos en forma de tabla no procede, desde luego, de la ciencia aeronáutica, aunque es una extraña suerte de magia visual que siempre funciona. En la parte central del texto, las tabulaciones rompen los espacios lineales de un documento de manera que los párrafos puedan ser resaltados según el principio de organización. Más allá del paradigma de la lengua inglesa, los códigos de programación informática se escriben en un dialecto especial que adolece frecuentemente de poca legibilidad. Los códigos de programación bien tabulados constituyen la prueba de una mente iluminada. Cuando se utilizan de manera estratégica, la tecla de tabulación y las teclas de espaciado y de validación otorgan al caos de los grupos de caracteres un toque más sutil de diseño visual.

«¿Qué programa has utilizado?» es la pregunta más frecuente que me suelen hacer acerca de las diapositivas que empleo para presentar mi trabajo. He llegado a la conclusión de que la respuesta apropiada a la pregunta es incitar la formulación de una pregunta diferente: «¿Qué *principio* has utilizado?». Aunque la red de información horizontal y vertical, simple y llana, carece de atractivo, es la única cosa certera que se encuentra en el vocabulario del diseño gráfico. Cada vez que me siento perdido, echo un vistazo al extremo izquierdo del teclado. El camino más rápido para alcanzar la simplicidad está a tiro de meñique.

LA GESTALT DEL IPOD

Tanto en el proceso de la percepción como en el de la representación visual de la organización natural de los objetos, contamos con la poderosa capacidad de la mente para detectar e identificar pautas. La escuela de psicología de la Gestalt (o de la Forma) es particularmente relevante en los asuntos relativos a la conciencia visual. Los psicólogos de la Gestalt piensan que el cerebro contiene multitud de mecanismos dedicados a la identificación de pautas visuales. Por ejemplo, al ver una caja hecha con un solo trazo conectado que no está completamente cerrada, la mente es capaz de «rellenar el vacío» e imaginar que está cerrada. La tendencia de continuar mentalmente una serie de figuras dibujadas como «círculo, círculo, círculo» mediante otro círculo es otro ejemplo de *gestaltismo*.

Permítame ilustrar con un dibujo la explicación de la psicología Gestalt:

¿Cuál es la diferencia entre el grupo de 30 puntos representado a la izquierda y aquellos que se encuentran a la derecha? La respuesta es simple. A la izquierda los puntos están colocados al azar y sin ningún orden; a la derecha algunos de los puntos han sido claramente agrupados. Tomamos inmediatamente el grupo de puntos como un «todo», aunque esté compuesto de muchos puntos. Efectivamente, al agrupar los puntos como en el dibujo de la derecha, hemos simplificado la descuidada representación de 30 puntos poniendo orden en el caos.

Los seres humanos somos animales organizados. No podemos evitar agrupar y catalogar lo que vemos. ¿Es un impostor? ¿Es una muñeca?

¿Están juntos o viajan por separado? ¿Este extremo se ajusta a este otro? Los principios de la Gestalt para buscar el «ajuste» conceptual más apropiado no solo son importantes para la supervivencia, sino que se encuentran en el mismo centro de la disciplina del diseño. Alemania es posiblemente el país de origen del diseño, con su legendaria escuela Bauhaus fundada en 1919. Es, por tanto, más que una mera coincidencia que la palabra en alemán para definir el diseño sea *gestaltung*. Tradicionalmente, empresas alemanas como BMW, Audi y Braun han favorecido soluciones de diseño que tienen por vocación adaptarse perfectamente al pensamiento. Su objetivo común ha sido buscar sin descanso el gestalt más apropiado para cubrir una necesidad.

La evolución del gestalt del iPod de Apple revela cómo unos pequeños cambios en la organización generan grandes diferencias en un diseño. Cuando apareció por primera vez, los controles tenían la forma siguiente:

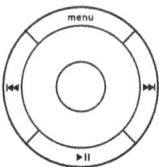

Entonces, tal vez como técnica de reducción de costos, o debido a las quejas de personas con dedos gruesos, Apple separó los cuatro botones que rodeaban el dial táctil en una discreta hilera de botones en la versión siguiente de iPod:

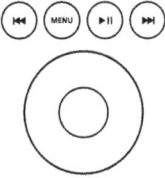

Apple ha complicado el diseño del iPod. Al desplazar las funciones que antes se encontraban centralizadas en la fea hilera de la parte superior, se consiguió que el nuevo iPod pareciese más complicado. Recuerdo que me precipité a comprar uno de los antiguos iPod cuando salió esta versión con la hilera de botones. Me enfadé mucho porque decidiesen cambiar algo que era simplemente bello por algo que era innecesariamente complejo.

En las versiones más recientes, se han inclinado por la simplicidad extrema al integrar todos los botones en un único control liso:

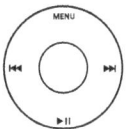

Observemos los tres diseños colocados uno junto a otro:

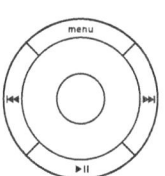 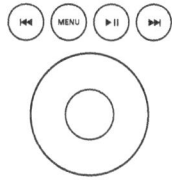 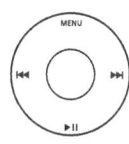

De izquierda a derecha podemos interpretar la secuencia de la evolución del iPod como «inicio simple, seguido de un incremento de la complejidad y acabando de la manera más simple posible». La conversión de los controles del iPod en forma de mis diagramas de puntos presenta un aspecto como este:

 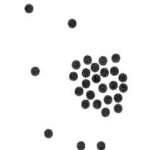 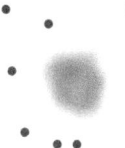

A la izquierda, los botones rodean el dial de desplazamiento, en el centro están separados y a la derecha se integran dentro de una nube en la que el dial de desplazamiento y los botones son todo uno. El diagrama de la nube de puntos de la derecha representa cómo se han mezclado en un solo elemento todos los elementos individuales como si hubiesen sido desenfocados óptimamente a través de una lente.

Las estéticas desenfocadas son habituales en la historia del arte, desde las pinturas impresionistas de Monet y sus confusas nubes de pinceladas hasta las estilizadas imágenes de flores de la artista Georgia O'Keeffe. Las representaciones con bordes suaves tienen un estilo místico que nos invita a pensar en la naturaleza. Del mismo modo, la tercera fase del control del iPod es preferible porque funde todos los controles en una imagen de simplicidad. Existen inconvenientes en el punto de vista desenfocado, tal y como me hizo ver recientemente mi querido cuñado mediante su incapacidad para hacer funcionar un iPod por primera vez durante una fiesta de Navidad. No le resultaba fácil desplazarse de una canción a otra debido a que los botones estaban integrados en el dial. La cuestión con la que empezamos este viaje: «¿Cuáles son los elementos que se corresponden entre sí?», se contesta simplemente con un ambiguo «Todos». Recordé entonces que no todo el mundo es necesariamente un amante del arte abstracto y de la interpretación subjetiva. Cada uno tiene su propia gestalt, y eso es lo que permite que los otros reproductores de MP3 sigan vendiéndose. Pero mi cuñado acabó dominando con agrado el iPod, demostrando que la rueda de control del iPod *puede* ser una buena gestalt.

BIZQUEAR PARA ABRIR LOS OJOS

Los grupos son buenos, aunque demasiados grupos son malos porque se oponen al objetivo inicial de agrupar elementos. Las agrupaciones confusas son eficaces porque pueden parecer incluso más simples, aun a riesgo de resultar más abstractas, menos concretas. Por ello, la simplicidad puede ser un modo creativo de mirar al mundo que dirige el diseño. Sacia el apetito natural de la mente por resolver acertijos y por encontrar el gestalt adecuado.

Los mejores diseñadores del mundo bizquean al mirar. Bizquean para distinguir el bosque de los árboles, para encontrar el justo equilibrio. Bizquean al mundo. Veréis más, viendo menos.

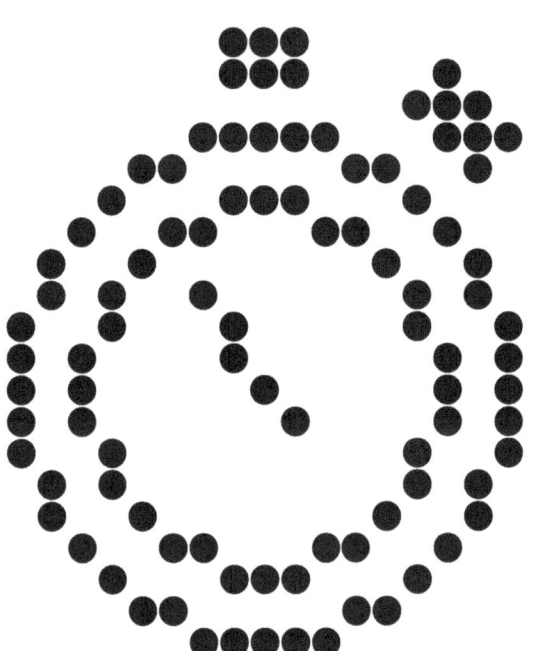

LEY 3. TIEMPO

El ahorro de tiempo simplifica las cosas

Una persona normal pasa al menos una hora al día en salas de espera. A ello hay que añadir los innumerables segundos, minutos y semanas empleados en esperas que no tienen continuidad alguna. Algunas esperas son un tanto imperceptibles. Esperamos a que salga el agua del grifo cuando lo abrimos. Esperamos a que el agua hierva cuando está sobre la cocina, y comenzamos a impacientarnos. Esperamos los cambios de estación. Algunas de las esperas son menos imperceptibles, y en ocasiones pueden resultar crispantes o tediosas: la espera para la descarga de una página web, la espera en un atasco de tráfico o la espera para obtener los resultados de un temido análisis médico.

A nadie le gusta soportar esperas. Por tanto, todos nosotros, seamos consumidores o empresas, tratamos de encontrar modos de vencer el inexorable paso del tiempo. Nos salimos de nuestra ruta para encontrar el camino más corto o cualquier otro medio de disminuir nuestra frustración. Cuando cualquier interacción con proveedores de productos o de servicios se realiza con rapidez, atribuimos la eficacia a lo simple que nos ha parecido la experiencia.

La consecución de la eficacia mediante una notable rapidez queda ilustrada por los servicios de mensajería rápida como FedEx, e incluso por el tiempo que se tarda en servir una hamburguesa en McDonald's. Cuando estamos obligados a esperar, la vida parece innecesariamente complicada. *El ahorro de tiempo simplifica las cosas*. Y cuando esto se produce, lo que no es frecuente, nuestra gratitud se manifiesta mediante la lealtad. Y ahí reside el beneficio implícito: al reducir el tiempo empleado en la espera, se puede emplear ese tiempo en algo diferente. En definitiva, se reduce a elegir cómo deseamos emplear el tiempo que se nos ha dado. Si recortamos diez minutos en el trayecto a casa, estos se pueden dedicar a nuestros seres queridos. De este modo, una espera eliminada es una ganancia inestimable, no solamente en relación con el trabajo, sino también con respecto a la vida y el bienestar.

El ahorro de tiempo consiste en realidad en reducir el tiempo, y ELLA, tal y como fue descrita en la primera Ley, puede ayudarnos. ELLA afirma que podemos percatarnos de la reducción mediante la ESTILIZACIÓN y la OCULTACIÓN, y también que podemos sustituir aquello que se ha perdido mediante la INTEGRACIÓN de lo que es más importante de maneras más sutiles. Veamos si ELLA tiene razón aquí también.

ELLA: ESTILIZAR EL TIEMPO

Me considero el típico «tipo ocupado» que trata de conservar su cordura; personalmente, estoy familiarizado con el objetivo de ESTILIZAR el tiempo. Yo soy el tipo que se desata los cordones de los zapatos y extrae su ordenador portátil de la bolsa antes de llegar al mostrador de seguridad del aeropuerto con la esperanza de cruzarlo con la velocidad de un esquiador en los Juegos Olímpicos de invierno. Otro de mis desafíos de cada día es llegar a casa antes de que las niñas se duerman, reto al que aplico sofisticados algoritmos de ruta que me permiten llegar a casa desde el MIT con la eficiencia de un mensajero en la ciudad de Nueva York. En el primero de los casos, me arriesgo a quedar avergonzado desde mi posición vulnerable en la línea de la seguridad, y en el segundo caso elevo mis prioridades al lidiar con el infame campo de batalla que es la circulación de Boston. Sin embargo, los riesgos que corro al tratar de ahorrar tiempo son reducidos en comparación con la escala de riesgos que existe en el mundo de los negocios. Reducir una tarea que dura cinco minutos a un minuto es la *raison d'être* de la gestión de la explotación, el sector que nos ha conducido a un mundo que no duerme nunca y que siempre es puntual. Las técnicas superiores de gestión de la explotación jugaron un papel importante en el auge de Toyota por encima de GM en 2006. Las promesas de la tecnología con respecto a la fabricación de etiquetas con identificadores por radiofrecuencia (RFID) que sean capaces de identificar cada uno de los productos almacenados en estanterías permitirán realizar un inventario instantáneo. Las empresas están corriendo grandes riesgos para optimizar sus procesos fuera de lo que es necesario para su supervivencia. A nivel individual también nos encontramos en el negocio de la supervivencia, aunque disfrutemos de libertades que nos permiten tocar una sintonía distinta.

Entre la infinidad de maneras que existen para recortar el tiempo, una solución privilegiada consiste en eliminar todas las restricciones, tal y como aprendí al descubrir el iPod Shuffle de Apple. La diferencia entre el Shuffle y los otros productos iPod radica en que no dispone de pantalla, tan solo de un LED, con lo cual no solo la interfaz del usuario se reduce considerablemente, sino que también se consigue un precio inferior y una mejor resistencia frente al desgaste.

La primera vez que oí hablar del Shuffle en un anuncio radiofónico, se decía algo parecido a esto: «¡Conéctalo y escucha una mezcla completamente aleatoria de tu biblioteca musical, eso es, completamente aleatoria!». Fui incapaz de contener mi entusiasmo y comencé a pensar: tras la innovación del uso del blanco en los productos de diseño, ¿ha inventado ahora Apple la aleatoriedad?

Al renunciar a la opción de elegir, y al dejar que una máquina elija por ti, se consigue reducir de forma radical el tiempo que se llegaría a emplear en palpar la rueda del iPod. La filosofía del Shuffle consiste en generar elecciones aleatorias, aunque se puede prever un futuro en que el iPod llegue a conocer nuestras preferencias, nuestros hábitos e incluso nuestros estados de ánimo y elija la música correspondiente. Al final, la opción de búsqueda de Google «Voy a tener suerte» no tendrá nada que ver con la suerte y nos llevará directamente al lugar preciso que estamos buscando. Ya disponemos hoy de una versión de este futuro. Al entrar en Amazon.com, recibimos directamente un escaparate de libros que podrían interesarnos de acuerdo con las preferencias de las personas con gustos semejantes a los nuestros. La elección de explorar todo el catálogo de Amazon.com podría requerir mucho tiempo, pero se puede ganar tiempo siendo menos exhaustivos. Dejar a otra persona la capacidad de tomar por nosotros decisiones poco relevantes puede ser una estrategia sana.

A un nivel muy elevado, los gobiernos y las grandes empresas llegan a extremos muy importantes para disminuir el tiempo y realizar recortes como medio para reducir costos; a nivel personal, realizamos sacrificios semejantes que implican recompensas semejantes en el nombre de la eficiencia. Al final del día, siempre hay un final del día. Al elegir de ese modo cuándo implicarse menos y cuándo implicarse más en las decisiones, se alcanza una vida diaria eficaz y plena.

ELLA: OCULTAR E INTEGRAR EL TIEMPO

En ocasiones, la reducción de la duración de un proceso no puede ir más allá; cuando esto sucede, retirar simplemente del entorno los indicadores de tiempo puede constituir una alternativa a su «ahorro» para ocultar el paso del mismo. Dejé de usar un reloj de pulsera hace ya muchos años cuando me percaté, al igual que otros muchos, de que ya nunca tengo la impresión de que se me acaba el tiempo. A pesar de no tener ya un reloj de pulsera, mi teléfono móvil me informa amablemente de la hora. Desearía poder apagar la pantalla.

Hay pocos ejemplos que superen el engaño ejercido por las salas de los casinos de Las Vegas sobre sus invitados. Entrar en un casino profesional por vez primera puede llegar a constituir una experiencia desconcertante. Nunca disponen de relojes, o incluso de ventanas que permitan hacerse una idea del momento del día. Esta configuración simple del entorno refuerza la impresión de estar lo bastante despierto para apostar. Supongo que, si fuese legal, los casinos desearían reprogramar todos los teléfonos móviles que se encuentran en sus cercanías para indicar la hora de modo confuso y así continuar manteniéndonos allí. Por supuesto, la ocultación del tiempo no permite ganar tiempo, tan solo crea la ilusión de que el tiempo no es una preocupación acuciante.

Al observar las manecillas paradas de un reloj cuya pila está agotada, si nos detenemos a observarlo, nos invade un sentimiento de naufragio. Algo no funciona. Nos gusta comprobar el paso del tiempo, del mismo modo que la naturaleza impulsa su avance natural. Por otro lado, si un reloj se encuentra totalmente oculto ni siquiera nos preocupamos por su funcionamiento; en su lugar experimentamos un sentimiento desconcertante de incertidumbre sobre la hora que es. La visión del tic-tac de la segunda manecilla de un reloj es una señal de que todo va bien.

En los albores de la era de los ordenadores personales, cualquier transferencia de datos desde la memoria interna hasta un dispositivo externo de almacenamiento como una unidad de disco o un ordenador alejado podría tardar desde unos segundos hasta muchas horas. Tras ejecutar el comando de transferencia, habría que esperar a que acabase, sin saber cuánto puede llegar a durar. Un ordenador bloqueado es como un reloj parado; en consecuencia, han ido apareciendo medios para luchar psicológicamente contra la tortura de la espera en forma de «barras de progreso».

En la época en que Apple invertía en investigación, realizó un experimento en el que un usuario se enfrentaba a una tarea cuya duración de procesado era considerable. Descubrieron que al mostrar una representación gráfica del avance, también llamada «barra de progreso», el usuario tenía la impresión de que el ordenador completaba la tarea en menos tiempo que cuando no aparecía ninguna barra de progreso.

Hagamos un experimento, ¿de acuerdo? A continuación, a la izquierda, está representada una barra de progreso en fotogramas consecutivos. Obsérvelos de arriba abajo y verá que al final la barra aparece llena. A la derecha hay una barra de progreso que muestra un incremento progresivo hasta que se llena paso a paso.

¿Qué le ha parecido? Estoy seguro. Parece que ha pasado menos tiempo en la barra de progreso de la derecha. A la izquierda, el tiempo se apelotona como el kétchup en una botella de Heinz; a la derecha, el tiempo se extiende cómodamente como un trozo de margarina en una rebanada de pan tostado.

Se está popularizando la práctica humana de informar a la gente del tiempo que tiene que esperar. Basta con observar el número creciente de semáforos para peatones que disponen de un indicador en forma de barra de progreso o de cuenta atrás para mostrar el tiempo restante. Cuando se espera para hablar con un teleoperador, una voz grabada indica cuántos son los minutos restantes para poder hablar con un ser humano. El tiempo puede ser integrado en un reloj, de forma digital o mediante una representación gráfica abstracta. Existen casos en los que la representación es mínima y un simple indicador luminoso parpadea monótonamente, como si fuera un latido visual, para informar al usuario de que todo va bien. El conocimiento es confort, y el confort reside en el corazón de la simplicidad.

El tiempo puede materializarse mediante un enfoque más engañoso, utilizando el «diseño» para crear una ilusión de movimiento y de velocidad. En los años treinta, el diseñador Raymond Loewy introdujo el concepto denominado «aerodinamismo». Es posible que usted no conozca este término, pero es probable que conozca la botella que diseñó para Coca-Cola hace muchos años (me refiero a la simple botella de cristal clásica, y no a la botella redondeada desechable de plástico que se utiliza en la actualidad). Loewy es conocido por haber sido influenciado por la estética aeronáutica y de los reactores, y por haber trasladado el «estilo» (no el funcionamiento) de los aviones a objetos de uso doméstico. Por ejemplo, una aspiradora o una tostadora pueden ser fabricadas para parecer más veloces y ligeras confiriéndoles simplemente las características visuales de un avión. Un coche puede parecer más rápido si le colocamos alerones, aunque no tengan ninguna utilidad aerodinámica. Los ordenadores actuales utilizan muchos accesorios estéticos de la industria del automóvil para potenciar la imagen de velocidad. Alienware, la filial de Dell, encabeza esta tendencia empleando el estilo *hotrod* en los ordenadores en forma de provocadoras tuberías de aire y luces llamativas.

El estilo es una forma de captación que, aunque sea fingido, puede parecer un atributo deseable desde el punto de vista del consumidor. Necesitamos todo el apoyo positivo que se pueda obtener para sentir que estamos avanzando. ¿O no?

TIC TAC TIC TAC

Todos los años pasa algo parecido: me quedo bloqueado en la pista de un aeropuerto durante cuatro horas en el centro de una tormenta de nieve, después hago tres horas de cola para saber lo que va a pasar con mi vuelo, a la mañana siguiente vuelvo a hacer dos horas de cola para pasar el control de seguridad y vuelvo a esperar una hora más en la pista. Uno solo se da cuenta de que en la vida estamos condenados a esperar cuando alcanza cierta edad. Durante la infancia, la idea de esperar es un concepto ajeno y simplemente intolerable. Pero en el mundo de los adultos no hacemos otra cosa que esperar. Lo hacemos continuamente.

En ocasiones, el simple hecho de esperar puede alcanzar niveles exagerados. Como cuando estamos a punto de realizar una presentación ante un público de cientos de personas, y estamos copiando un archivo desde una memoria USB en el ordenador de presentación, y todo el mundo está esperando el comienzo, y la barra de progreso avanza muy despacio... y..., entonces..., se *detiene*. Y *espera*. Pone a prueba nuestra fe en la máquina y nos tienta discretamente a pulsar «Cancelar». Cientos de ojos nos observan. ¿Tenemos suficientes agallas para reiniciar el proceso?

¿Merece la pena apostar el tiempo transcurrido en la espera por una duración que podría llegar a ser mayor? ¿Lo intentamos?

Que los procesos críticos sean más rápidos representa una gran ventaja para la humanidad. Aunque la rapidez no es barata. El costo del envío de un documento por correo ordinario es de 39 centavos, pero el envío urgente para el día siguiente es de 14,40 dólares, 40 veces más caro aproximadamente. Un vuelo directo puede ahorrar mucho tiempo en relación con otro vuelo con escalas, pero su precio es considerablemente superior. Si añadimos el precio del combustible, que se encuentra en alza constante, no nos sorprenderá el hecho de que tengamos que pagar un suplemento por el privilegio de la rapidez.

Las tecnologías de la Red son la excepción en esta relación tiempo/costo. Las noticias de Google presentan historias que han surgido «hace tan solo 3 minutos», colocándonos en la primera fila para presenciar los acontecimientos mundiales a medida que se producen. El arrogante saludo de *Saturday Night Live*, con su «En directo desde Nueva York», no parece tan impresionante cuando las transmisiones en directo pueden realizarse desde cualquier parte del mundo. La velocidad de la web nos permite tener unas esperanzas *inmediatas*.

Cuando la aceleración de un proceso no constituye una opción, la atención suplementaria al cliente permite que la espera sea más tolerable. Agradezco las galletitas y otros artículos gratuitos en la cola del supermercado durante la temporada de Acción de Gracias cuando la cola en Whole Foods para llegar a la caja serpentea por toda la tienda. El ahorro de tiempo se convierte entonces en una negociación entre la rapidez cuantitativa y la rapidez cualitativa.

¿DE QUÉ MODO PODEMOS REDUCIR LA ESPERA?   ¿DE QUÉ MODO SE PUEDE HACER QUE LA ESPERA SEA MÁS LLEVADERA?

Volviendo a la terminología de ELLA, se trata, por un lado, de ESTILIZAR las limitaciones del tiempo, y de OCULTAR O INTEGRAR la dimensión del tiempo por el otro. Ahorro de tiempo o adaptación al paso del mismo, la solución cuya puesta en práctica sea menos costosa será la que se lleve el gato al agua. ELLA nos ayuda a sobrellevar nuestra relación con el tiempo de maneras más favorables. Cuando se gana tiempo, o cuando parece que se gana, lo complejo se percibe como simple. Una inyección duele poco cuando se realiza con rapidez, e incluso menos si sabemos que la inyección nos salvará la vida. Este último fenómeno es objeto de estudio en la cuarta Ley, la del APRENDIZAJE, de modo que no nos entretengamos y continuemos para no tener que esperar.

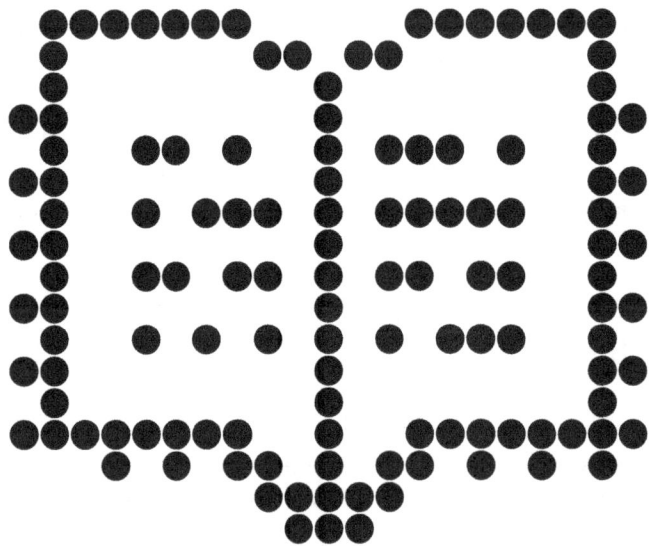

LEY 4. APRENDIZAJE

El conocimiento lo simplifica todo

El uso de un tornillo es falsamente simple. Basta con ajustar las ranuras de la cabeza de un tornillo con la punta adecuada de un destornillador, de cruz o de raya. Lo que sucede a continuación no es tan simple, como habrá podido usted comprobar al observar a un niño o a un adulto poco espabilado que gira el destornillador en la dirección errónea.

Mis hijas recuerdan esta regla mediante una técnica que mi mujer les enseñó: «derecha aprieta, izquierda afloja». Personalmente, prefiero emplear la analogía del reloj, y representar el movimiento en el sentido de las manecillas del reloj como curva positiva de penetración del tornillo. Ambos métodos se someten a un segundo grado de conocimiento: distinguir derecha de izquierda, o saber en qué sentido giran las manecillas de un reloj. Y es que el uso de un tornillo no es tan simple como parece. ¡En apariencia, es un objeto tan simple!

Aunque el tornillo tiene un diseño simple, es necesario saber en qué sentido tiene que girar. *El conocimiento lo simplifica todo*. Esto es válido para cualquier objeto, por difícil que sea. El problema de tomarse su tiempo para aprender acerca de una tarea es que parece que se está perdiendo el tiempo, y que se está violando, por tanto, la tercera Ley. Conocemos bien el método que consiste en tirarse de cabeza: «No necesito las instrucciones, lo voy a hacer ahora». Pero, en realidad, este método suele ser más largo que el de seguir las instrucciones del manual.

Algo tan simple como enseñar a otra persona un concepto básico puede parecer trivial comparado con la administración de una compleja cadena de suministro o la programación de un superordenador. Sin embargo, cualquiera que haya tratado de enseñar a un niño a hacer algo tan aparentemente insignificante como atarse los cordones de los zapatos puede imaginar que es más fácil escribir el código del algoritmo para la clasificación de las páginas de Google. Como profesor del MIT, reconozco sin reparos que aún trato de entender cómo enseñar. El medio más útil para mi enseñanza era experimentar el otro lado del aprendizaje. Me inscribí como estudiante para realizar un máster. Mi condición de estudiante me ha permitido recuperar la humildad del novato en el MIT y sentirme la persona más ignorante del campus. Ser profesor es lo más fácil del mundo, solo hay que comportarse como si se conociesen todas las respuestas. Ser estudiante es mucho más difícil, porque no basta con rumiar una y otra vez las respuestas del enigmático profesor, sino que también hay que encontrarles su sentido.

Como estudiante y como educador, expongo algunos de mis puntos de vista diseñados sobre lo que considero «buen aprendizaje». Representan un trabajo inacabado que espera pacientemente ser completado mediante la evolución natural de un concepto vivo.

UTILIZA LA CABEZA

El aprendizaje se realiza mejor cuando existe un deseo de adquirir un determinado conocimiento. En ocasiones esa necesidad es adquirir conocimientos, lo que constituye un noble fin en sí mismo. Aunque, en la mayoría de los casos, la obtención de una recompensa palpable, como una calificación o una chocolatina, es necesaria para motivar a la mayoría de las personas. Tanto si al final nos espera una motivación intrínseca, como el orgullo, o una motivación extrínseca, como un crucero gratuito por el Caribe, el viaje que emprendemos para alcanzar la recompensa es mejor cuando se hace de modo más llevadero. Sin embargo, los programas de telerrealidad como *Factor Miedo* o *Supervivientes*, que reconozco haber visto, demuestran que, a veces, tan solo la recompensa justifica el viaje, independientemente de lo incómodo que pueda ser el camino.

La doctrina de la «zanahoria al final del palo» indica una elección entre la motivación positiva y la negativa, la recompensa frente al castigo. No apruebo que los profesores premien a sus estudiantes con caramelitos y otras ventajas a cambio de respuestas correctas, aunque también estoy en desacuerdo con un colega del MIT que lanza borradores a los estudiantes que se duermen en clase.

En cambio, mis diez años de experiencia como profesor muestran que la mejor motivación para aprender es proponer un reto aparentemente insuperable a los estudiantes. Se dice que una gran cantidad de tarea es una especie de premio para el estudiante destacado medio del MIT. Pero, tras haber experimentado yo mismo la vida de estudiante, me he deshecho de mi actitud masoquista a cambio de aplicar un enfoque holístico:

> BASES: siempre en el comienzo.
> REPETIR-se las cosas a uno mismo muchas veces.
> ANGUSTIA: evitar que se produzca.
> INSPIRAR con ejemplos.
> NUNCA olvidar repetirse las cosas a uno mismo.

A estas alturas estará usted cansado de mis acrónimos, como ELLA O DESLIZAR, de modo que no le diré que las iniciales de mi mantra forman la palabra BRAIN («mente», en inglés).

La primera etapa para establecer las BASES es conocer el punto de vista del estudiante primerizo. Como experto, no resulta imposible desempeñar ese papel, pero es mejor dejarlo en manos de un grupo de muestra o de cualquier otro círculo de participantes externos. El camino crítico para llegar al éxito consiste en observar lo que falla y darle sentido a ojos del inexperto, y seguir entonces la pista sucesivamente hasta el final de la cadena de conocimiento. Merece la pena reunir estas verdades, pero puede necesitar mucho tiempo, pues de lo contrario el resultado es pobre. Con su éxito al contratar a expertos en el estudio de las personas, como antropólogos y diseñadores de factores humanos, mis amigos en la asesoría internacional de diseño IDEO demostraron la eficacia del método empleado. De nuevo, si usted no puede permitirse los servicios de IDEO y desea emplear más TIEMPO y violar la tercera Ley, el medio más fácil de aprender las bases es enseñarlas uno mismo.

Hace unos años fui a ver al maestro suizo del diseño tipográfico Wolfgang Weingart, que daba una conferencia en Maine en el ámbito de un curso de verano. Me asombré ante la capacidad de Weingart de ofrecer exactamente la misma conferencia inaugural cada año. Pensé: «¿No acabará por aburrirse?». En mi mente, repetir lo mismo una y otra vez no tenía ningún valor y mi opinión acerca del maestro empezó realmente a devaluarse. Aunque no fue hasta una tercera visita cuando me percaté de que, a pesar de decir exactamente lo mismo, Weingart estaba simplificando su discurso cada vez que lo decía. Al concentrarse en las bases de las bases, era capaz de reducir todos sus conocimientos a la esencia de aquello que deseaba transmitir. Tan solo su ejemplo ya reavivó mi pasión por la enseñanza.

REPETIR-se las cosas a uno mismo puede resultar embarazoso, sobre todo si uno es tímido, cosa que la mayoría somos. Pero no es necesario sentirse avergonzado, porque la repetición funciona y todo el mundo lo hace, incluso el presidente de

Estados Unidos y otros dirigentes. La simplicidad y la repetición están relacionadas, tal y como sostiene Slate.com mediante su historia titulada «Simplicity, simplicity, simplicity» («Simplicidad, simplicidad, simplicidad») acerca de la reelección de George W. Bush en 2004. Durante la campaña, Bush repitió muchas veces el mismo simple mensaje sobre el terrorismo e Irak.

El artista Mike Nourse reiteró en 2004 esta misma idea mediante su vídeo artístico titulado «Terror, Iraq, Weapons» («Terror, Irak, armas»). Nourse comenzaba su vídeo con el discurso que Bush dio por televisión la víspera de la invasión de Irak y editó todos los cortes en los que se pronunciaban las tres palabras más empleadas: «terror», «armas de destrucción masiva» e «Irak». Cuando Nourse realizó el montaje de dichos cortes, la duración del vídeo obtenido representaba el diez por ciento del discurso. A nadie sorprendió que Estados Unidos iniciase entonces la guerra con Irak, dado que muchos americanos creían que Irak disponía de armas de destrucción masiva para ser utilizadas en actos terroristas en contra de Estados Unidos. En aquel momento, yo también estaba tan convencido y atemorizado como muchas otras personas, y no sabía muy bien por qué. Ahora lo sé: a causa de la repetición de las palabras.

La ANGUSTIA es lo que se debe evitar cuando se trata de aprender. Todos estaríamos dispuestos a decir «¡Guau!» desde el principio ante un producto nuevo y sorprendente, pero a veces el «¡Guau!» se puede convertir en un «¡Alto!», y podríamos necesitar una aspirina para contrarrestar la angustia producida por los efectos desconcertantes de la novedad. Me horroriza actualizar el *software* de mi ordenador porque sé cuán ávido se mostrará el nuevo programa por informarme de sus más recientes y sorprendentes características. La estrategia que consiste en «impresionar e intimidar» puede desanimar a quien se impresione e intimide, tal y como pude aprender al experimentar la gran diferencia de conocimientos entre profesor y alumno desde mi condición de estudiante de máster. También llegué a ser consciente de cuán insensibles pueden llegar a ser los profesores sin darse cuenta en el ámbito de la universidad. Un comienzo inspirado y suave es el mejor medio de atraer a los estudiantes, o incluso a un nuevo cliente, en el exigente proceso de aprendizaje.

INSPIRAR es el catalizador definitivo para el aprendizaje: la motivación interna sobrepasa a la recompensa externa. Una gran confianza en alguien, o la fe en un poder superior como puede serlo Dios, ayuda a alimentar la autoconfianza y facilita la orientación. Mi propio momento de inspiración en el ámbito del diseño se produjo durante los años previos a mi graduación, cuando encontré por accidente un libro del diseñador y autor epónimo Paul Rand. Las contribuciones omnipresentes de Rand al paisaje de los iconos empresariales estadounidenses, como los logotipos de IBM, ABC, Westinghouse y UPS, han proporcionado metas para legiones de diseñadores. Visité a Rand en su estudio diez años exactamente después de ver su libro y conservaré su recuerdo para siempre. Murió un año después, a la edad de 82 años, y el recuerdo que guardo en mi memoria es el cariñoso abrazo casi constante con que obsequiaba a su esposa Marion. Rand me enseñó mucho, en muy poco tiempo. Sentirse protegido (evitando la angustia), sentirse seguro de sí mismo (dominando las bases) y sentirse intuitivo (mediante el condicionamiento por repetición) son modos de satisfacer necesidades racionales. La inspiración procedente de los demás sirve a un fin más elevado que es la verdadera recompensa, al menos para mí. La práctica de la educación es la forma más elevada de filantropía intelectual.

Para terminar, NUNCA debe olvidar repetirse las cosas a sí mismo. Pero creo que ya lo he dicho antes.

¡RELACIÓN - MATERIALIZACIÓN - SORPRESA!

Mi enfoque en cinco etapas del proceso de aprendizaje sigue evolucionando en mí como educador, pero al principio comencé mi carrera como ingeniero formado en el MIT. Durante aquella época de mi vida, mis superiores me enseñaron una regla importante para el aprendizaje de sistemas complejos: LEJM, que significa «Lee El J*dido Manual». Si alguien tiene un problema, hay que decirle «LEJM». Caso cerrado, lo último en simplicidad. Desde luego, no es la solución perfecta. Es posible que no dispongamos de manual alguno para principiantes que leer, y lo cierto es que a nadie le gustan los bocazas.

Como alternativa a la dificultad del «método del ingeniero» para facilitar el proceso de comprensión, disponemos del «método del diseñador», que es más sofisticado. Los mejores diseñadores aúnan forma y función para crear experiencias intuitivas que comprendemos de forma inmediata, sin necesidad de lecciones (o de cursillos). Un buen diseño depende, de alguna manera, de la capacidad de incluir un sentido de familiaridad instantáneo. «¡Eh, ya había visto eso antes!» es la reacción que se busca y que permite desarrollar la confianza para intentar algo. Como podrá usted recordar de la segunda Ley, los principios de la Gestalt acerca del diseño se basan en la capacidad que tiene nuestro cerebro para «rellenar el espacio vacío» sintetizando relaciones plausibles. El diseño comienza por influenciar el instinto humano para establecer una relación, seguido por la materialización de dicha relación en un objeto o un servicio tangible, y acabando de modo ideal con una sorpresa para hacer que el esfuerzo del público merezca la pena. O, resumiendo estas etapas: ¡RELACIÓN-MATERIALIZACIÓN-SORPRESA!

La supervivencia de la metáfora del escritorio, ideada en los años ochenta, es un ejemplo omnipresente del efecto de RELACIÓN-MATERIALIZACIÓN-SORPRESA. Antes de la aparición de la interfaz gráfica del usuario, la norma era una simple pantalla cuadriculada suficientemente grande para mostrar 80 por 24 caracteres de texto. El mundo entero podía ser representado dentro de un ordenador mediante un flujo lineal de códigos digitales alfanuméricos. Los investigadores de Xerox influyeron en el poder en auge de los gráficos de los ordenadores y en el prototipo común de un escritorio de oficina para establecer una relación reconocible entre una persona y su información. Ciertos aspectos de un escritorio físico se materializan fácilmente en el escritorio de la pantalla: las carpetas que contienen papeles se convierten en carpetas que contienen archivos de datos, y la papelera física se convierte en un cubo de basura virtual para los datos eliminados.

La relación con un escritorio físico fue inmediatamente adquirida por los mecanismos de la mente, con el apoyo de conceptos que se materializan con facilidad. Pero debería haber una recompensa sustancial o alguna otra expresión representativa de SORPRESA para garantizar la conmutación hacia la denominada tecnología «disruptiva». Esa sorpresa se manifiesta mediante la capacidad de reunir, catalogar, redistribuir y reorientar muchos otros documentos de los imaginados con anterioridad, simplemente avanzando hacia la administración de la información digital. Éxitos como la «metáfora del escritorio» y otras correlaciones entre antiguas costumbres y nuevas tecnologías han allanado el camino para lograr familiarizarse con experiencias que de otro modo parecerían extrañas. El efecto de RELACIÓN-MATERIALIZACIÓN-SORPRESA se basa en una experiencia en común que se toma como referencia, lo que desafortunadamente limita el punto de vista a unas culturas y unas costumbres específicas. Por ejemplo, el icono tradicional de la papelera en el escritorio de Apple Macintosh resultaba irreconocible para los usuarios japoneses, que nunca habían visto una papelera metálica con una reja vertical. Las metáforas constituyen un concepto

básico en el efecto de RELACIÓN-MATERIALIZACIÓN, pero la SOR-
PRESA puede ser desagradable si la metáfora no funciona.
La cultura del diseño también puede influir en la manera en
que funciona el efecto de RELACIÓN-MATERIALIZACIÓN-SOR-
PRESA. Un enfoque del diseño más racional, como puede ser el
alemán, alcanzará la RELACIÓN-MATERIALIZACIÓN con rapidez,
pero no es seguro que se llegue a la SORPRESA final. Una maqui-
nilla de afeitar Braun funciona perfectamente, y punto. Por otra
parte, el diseño contemporáneo británico puede caracterizarse
por la importancia que otorga al factor SORPRESA, como ponen
en evidencia los innovadores diseños realizados por Briton
Jonathan Ive. El diseño italiano, caracterizado por el placer
intenso que puede proporcionar su calidad, invierte la RELACIÓN-
MATERIALIZACIÓN-SORPRESA convirtiéndola en SORPRESA-MATE-
RIALIZACIÓN-RELACIÓN, como en el sofá de Studio65 inspirado en
los labios de una mujer. Existen, por tanto, numerosas formas de
RELACIÓN-MATERIALIZACIÓN-SORPRESA, al igual que existen
diferentes gustos. Las metáforas son plataformas muy útiles para
transferir una gran cantidad de conocimientos de un contexto
a otro con un esfuerzo mínimo, muchas veces imperceptible, por
parte de las personas que atraviesan el puente conceptual. Pero
las metáforas solamente resultan atractivas si provocan una
SORPRESA en cierto modo inesperado y positivo. Por ejemplo, los
restaurantes del chef Alain Ducasse no paran de lanzar noveda-
des culinarias; en el preciso momento en el que uno piensa que
conoce el gusto de lo que va a probar, descubre sabores inespe-
rados. Grandes películas, como los largometrajes del director
M. Night Shyamalan, nos conducen a un cómodo universo en el
que los elementos de la trama nos resultan familiares y todo tiene
sentido hasta que se llega a un final que lo trastorna todo. El uso
de una metáfora como atajo para realizar el aprendizaje de un
diseño complejo obtiene su máxima eficacia cuando su ejecu-
ción es considerable y deliciosamente inesperada.

LA VERDADERA RECOMPENSA

Al ir creciendo, me parecía extraño que mis compañeros de clase recibiesen bicicletas y premios en metálico a cambio de sus buenas notas. Al contarle esto a mis padres, respondían diciendo: «¡Qué suerte tienen tus amigos!». Y no hay más que hablar. Algunos sistemas de recompensa se basan en el reconocimiento del mismo progreso como premio. He sido testigo de esto mismo al observar cómo crecía mi bebé y pasaba de gatear a cuatro patas a caminar, lo mismo que sus hermanas mayores. Para ir desde la cocina al comedor, hay un escalón para pasar a un nivel inferior. Mientras gateaba desde la cocina al comedor, aprendió rápidamente el peligro de la maniobra. Más tarde, imaginó un modo que consistía en girar el cuerpo para colocar las piernas por delante y realizar con éxito la bajada.

Al comenzar a caminar, intentó bajar el escalón con su nueva técnica, que aún no había perfeccionado. Por supuesto, se caía. Traté de explicarle que, si bajaba a gatas, podría utilizar el método que ya había dominado anteriormente para superar el obstáculo de un modo seguro. Ante mi sorpresa, se negó e insistió en bajar el escalón como todos los demás. En este caso, el premio fue el crecimiento. Cuando nos hacemos mayores, tendemos a olvidar esta simple aunque primordial motivación que todos teníamos cuando éramos pequeños.

Me parece extraño que mi teléfono móvil sea mucho más pequeño que el manual que lo acompaña. Cierto es que todo aquello que es difícil de utilizar es proporcionalmente difícil de aprender. Por tanto, un objeto complejo es una garantía para un manual de instrucciones igualmente complicado. Pero el manual que incluye mi coche es más fino que el de mi cámara digital. Por supuesto, no se trata de objetos comparables. Para conducir un vehículo en Estados Unidos hay que seguir un curso oficial que dura un semestre, acumular muchas horas de práctica y pasar finalmente un examen para obtener el permiso. Al haber seguido un curso de «Educación vial» en el instituto, pude librarme de un manual de instrucciones grueso para mi coche. Las tareas difíciles parecen más sencillas cuando son necesarias, no cuando «vienen bien». Un curso de historia, de matemáticas o de química puede venirle bien a un adolescente, pero al realizar con éxito un curso de educación vial se satisface una necesidad fundamental para la autonomía. Al principio de nuestra vida nos esforzamos por alcanzar la independencia, lo mismo que al final de la vida. En el centro de los mejores premios se encuentra el deseo fundamental de alcanzar la libertad en el pensamiento, en la vida y en la esencia de lo que somos. He aprendido que los diseños de los productos que han alcanzado un mayor éxito, sean estos simples, complejos, racionales, ilógicos, locales, internacionales o tecnofóbicos, son aquellos que están más arraigados en el ámbito más amplio del aprendizaje y de la vida.

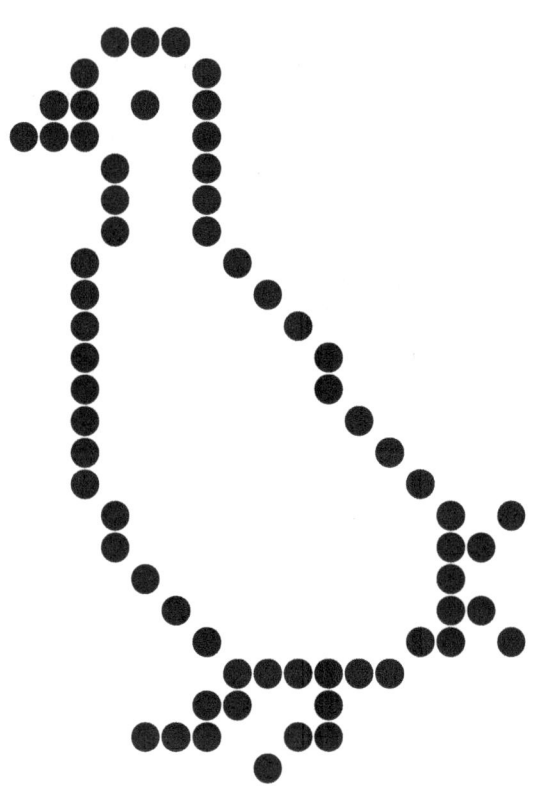

LEY 5. DIFERENCIAS

La simplicidad y la complejidad se necesitan entre sí

Nadie desea comerse únicamente el postre. Incluso un niño, cuando tiene permiso para tomar helado tres veces al día, acaba cansándose del dulce. Por la misma regla de tres, nadie quiere contentarse solamente con la simplicidad. Sin el contrapunto de la complejidad, no seríamos capaces de reconocer la simplicidad al verla. Nuestros ojos y nuestros sentidos progresan, y a veces retroceden, cada vez que experimentamos diferencias. La identificación del contraste nos ayuda a diferenciar las calidades que deseamos, que frecuentemente son objeto de cambios. Personalmente, el color rosa no se encuentra entre mis favoritos, pero me agrada, lo mismo que un haz luminoso en una aburrida extensión de verde oscuro. El rosa parece resaltar y vibrar en comparación con su entorno oscuro y discreto. Siempre sabemos mejor cómo apreciar algo cuando lo comparamos con otra cosa.

La simplicidad y la complejidad se necesitan entre sí. Cuantas más cosas complejas se encuentren en el mercado, más resaltarán aquellas que son sencillas. Y, dado que la tecnología no deja de crecer en complejidad, existe un claro beneficio en la adopción de una estrategia centrada en la simplicidad que ayude a diferenciar su producto. Dicho esto, para imprimir un aire de simplicidad en el diseño es necesario introducir de forma consciente cierta complejidad explícita. Esta relación puede ser evidente en el mismo objeto o uso, o al ser contrastado con otras ofertas de la misma categoría, como la simplicidad del iPod comparado con sus competidores más complejos en el mercado de los reproductores de MP3.

Dentro del mismo uso, es difícil encontrar el justo equilibrio entre la simplicidad y la complejidad. Algo que aún no me ha quedado claro es el sutil arte de alcanzar una situación en la que las diferencias potencien, en lugar de anular, la existencia de ambos. La aproximación más cercana a una solución que he hallado se encuentra en el concepto del ritmo, que se basa en la modulación de la diferencia.

COMPLEJIDAD

SIMPLICIDAD

Imaginemos un diagrama matemático que asciende hacia la complejidad, desciende acto seguido hacia la simplicidad y luego sube hacia la complejidad y baja de nuevo indefinidamente. Se puede imaginar este fenómeno a lo largo del tiempo como una canción que cambia durante su desarrollo, aunque también se puede imaginar en el espacio, como una pintura en la que los ojos atraviesan la imagen haciendo cambiar la experiencia. La clave se encuentra en el ritmo que marca la evolución de la simplicidad y de la complejidad a lo largo del tiempo.

NINGÚN RITMO

En la época de las redes electrónicas, con servicios como LinkedIn y Friendster, la costumbre de intercambiar las tarjetas de visita está perdiéndose progresivamente. Sin embargo, habiendo sido educado en la cultura empresarial de Japón, donde el intercambio de tarjetas es una formalidad, aún conservo la costumbre de presentar mi tarjeta de visita respetuosamente arqueada y sujetada con los dedos pulgares e índices de ambas manos. En los primeros días de mi estancia allí, recuerdo las innumerables reprimendas de mis superiores por no llevar conmigo mis tarjetas. Se consideraba como el mayor insulto presentarse uno mismo ante un desconocido sin ofrecer una tarjeta de visita.

Pero los tiempos han cambiado en Japón, y la costumbre de la ofrenda con dos manos está dando paso a la transmisión más informal con una sola mano, propia de la globalidad. Asimismo, la calidad y el trabajo de impresión de las tarjetas de visita han ido decayendo a la par que su importancia, y la expresión «Búscame en Google» parece marcar la desaparición de la elegante tradición de las tarjetas de visita.

Pero estas parecen seguir llegándome en su forma rectangular habitual, con unas medidas que suelen ser de 50,7 por 88,9 milímetros en Estados Unidos o de 55 por 90 milímetros en Asia y Europa. Generalmente mantengo mi escritorio despejado y ordenado, con arreglo a los dictados de la segunda Ley. Por tanto, cuando las tarjetas de visita comienzan a invadir mi escritorio, se impone actuar. El montón de tarjetas se organiza con arreglo al criterio de DESLIZAR y son introducidas dentro de mi base de datos y tiradas a la papelera de reciclaje (dando por hecho que están hechas de papel, y no de metal o de plástico, como lo son en ocasiones). En beneficio de la verdad, debo reconocer que he violado la segunda Ley, la de ORGANIZAR. Hay una tarjeta de visita que nunca ha llegado a la basura. Es una tarjeta fina, de color crema, con una imagen de una oveja mística. Al principio achaqué la imposibilidad de tirarla a la atenta mirada de la oveja. A veces las tarjetas de visita son impresas con una fotografía de la persona y no tengo ningún problema para eliminarlas, de modo que mi

sign
mori hiroaki - designer

reticencia a tirar esta tarjeta no se debe a la presencia de un testigo. No conozco bien a la persona, he visto a Hiroaki una sola vez, de modo que tampoco implica para mí un gran valor sentimental. El caso es que la tarjeta ha permanecido sobre mi escritorio durante más de siete años, y es probable que se quede ahí. Coloque usted su propia tarjeta de visita junto a esta tarjeta. La impresión monocroma de este libro no transmite el color crema del papel, o el detalle rojo en la esquina inferior izquierda dentro de su marca de ilustrador. Pero su cerebro puede completar los detalles. Permanece sobre mi escritorio porque no he encontrado nada parecido en tamaño o en carácter pictórico. Es la única tarjeta de visita que no se parece a las demás. Si se ponen de moda las tarjetas de visita con imágenes de animales de granja, no cabe duda de que perderán su valor.

TÉ CON TANAKA

Tuve el honor de conocer al padre del diseño gráfico japonés moderno, Ikko Tanaka (su nombre de pila significa simplemente «una luz» en *kanji*). En una ocasión, cuando vivía en Japón, fui a tomar el té a la residencia de Tanaka en compañía del prestigioso arquitecto contemporáneo Shigeru Ban. La expresión «tomar el té» transmite una imagen de tapetes delicadamente tejidos y pastas, pero tomar el té en Japón es algo simplemente sublime.

Tanaka había sido un estudiante de *chanoyu*, la ceremonia del té, y nos utilizó como sujetos de estudio. Es difícil imaginar que alguien con una tal maestría pueda ser un estudiante a los 70 años, pero en Asia existen numerosos ejemplos de este ciclo continuo de aprendizaje. Por ejemplo, en el arte marcial del kárate, el símbolo del orgullo para un cinturón negro es llevarlo lo bastante largo como para que su extremo se torne blanco, simbolizando el regreso a la condición del principiante. Tanaka era el cinturón negro del diseño japonés.

La ceremonia comenzó, como era costumbre en algunos estilos de *chanoyu*, con un examen de los utensilios para preparar el té. Nos pasamos unos a otros las «tazas» de té (que parecían más bien boles) para poder admirarlas. Si no recuerdo mal, me tocó una copa del siglo XVIII que parecía fruto de un horrible accidente en el horno. Se trataba de un bol de cerámica negro, profundo y reluciente, donde todas las superficies exteriores parecían envolver de un modo no intuitivo, al estilo de un cuadro de Salvador Dalí. Resultaba difícil adivinar dónde debía colocar los labios en el bol.

Ahí estaba yo, en casa del más importante maestro del Modernismo de Japón, tomando sorbos de algo que era completamente imperfecto, de geometría no-platónica (sin cilindros, esferas ni cubos), y que carecía de cualquiera de las características propias de una taza. Saltaba a la vista que era totalmente imperfecta, carecía de las superficies lisas y blancas características de la simplicidad que pueden comprarse fácilmente en la sección de vajilla de Ikea.

Sin embargo, por ese motivo, los otros utensilios de té de Tanaka aparentaban una perfección total. Tal es el caso del recipiente lacado para el té del siglo XVII, cuya tapadera negra mate encajaba en su sitio con la precisión imposible de las piezas de un Lego. O el de los sutiles detalles de las superficies de madera de su salón de té, que aparentaban una línea inexistente de árboles. La taza venía indirectamente a simbolizar para mí la esencia de la estética japonesa, que se esfuerza por alcanzar la máxima perfección. Su complejidad inesperada consiguió que todo lo que era imposiblemente simple fuese incluso más simple.

SENTIR EL RITMO

Taa taa ti ti taa. No se trata de ningún idioma extraño, es la expresión fonética del ritmo que me enseñó mi profesor de música en la escuela primaria. *Ti ti ti ti taa taa. Silencio. Ti taa ti taa ti ti ti ti taa.* Todo regresa a mi memoria. Al escuchar el contrapunto entre un sonido largo, un sonido corto y la ausencia de sonido en el tipo de secuencia que puede crear un tambor de jazz, todo el cuerpo se pone a bailar. Por otra parte, al crear un ritmo simple como *taa taa taa taa taa taa taa taa taa,* en el que los *taa* se repiten indefinidamente hasta sonar como un ritmo monótono, el público no se molestará en esperar a escuchar el último *taa.*

Consideremos que a lo largo de un día se sucede una secuencia de acontecimientos que siguen la siguiente pauta. *Complejidad, complejidad, complejidad, complejidad, complejidad, complejidad, complejidad, complejidad, complejidad, complejidad, complejidad, simplicidad.* La simplicidad es la salvación. *Simplicidad, simplicidad, simplicidad, complejidad, simplicidad, simplicidad, complejidad, complejidad, simplicidad, complejidad, complejidad, simplicidad, simplicidad, complejidad.* Lo que más importancia tiene es el ritmo entre simple y complejo. *Simplicidad, simplicidad, simplicidad, simplicidad, simplicidad, simplicidad, simplicidad, simplicidad, simplicidad, simplicidad, simplicidad, simplicidad, simplicidad, simplicidad, simplicidad, simplicidad, simplicidad, simplicidad, simplicidad, simplicidad.* No existe modo alguno de conectarse con la simplicidad cuando se ha olvidado lo que representa la complejidad.

En cambio, en el ámbito espacial, consideremos un gran cuadro pintado completamente de negro frente a otro gran cuadro completamente cubierto de gotas de pintura esparcidas como una mala interpretación de Jackson Pollock. Ambos son expresiones monótonas de la simplicidad y de la complejidad en sus diferentes formas independientes.

Aun a riesgo de sonar aburrido, colocaría ambas pinturas en la pared de mi casa durante al menos un día, tan solo porque me gusta conservar una mente abierta. Tal vez una simple dosis de imaginación aplicada a una de las piezas pueda prolongar mi período de atención. Por ejemplo, una simple imagen en la que los componentes han sido intencionadamente pintados de negro, y en la que otras partes son definidas con aerosol, podrá conservar mi atención durante mucho más tiempo. La variedad tiende a mantener nuestra atención cuando el ritmo de la diferencia es dominante.

La monotonía de determinadas secuencias es un parabién, como el cambio entre las estaciones de invierno, primavera, verano, otoño y regreso al invierno.

Cruje, cruje, cruje. Recuerdo haber caminado sobre la nieve en medio de la noche en la tranquilidad de mi barrio, tan solo para escuchar mi propia respiración y el ruido de mis propias pisadas. Reflexionaba acerca del hecho de que la nieve del invierno finalmente dejaría de caer y daría paso al color verde de la primavera. La combinación entre el silencio de la noche y mi avance inexorable hacia la mediana edad imponen la pregunta retórica siguiente: «¿Durante cuántos años más podré experimentar un pacifico anochecer de invierno como este?». Ahora estoy más atento a sentir el valioso ritmo de cada uno de los años de mi vida. Escucho con mucha claridad el ritmo de la simplicidad y de la complejidad en todo aquello que experimento. ¿Puede usted oírlo también?

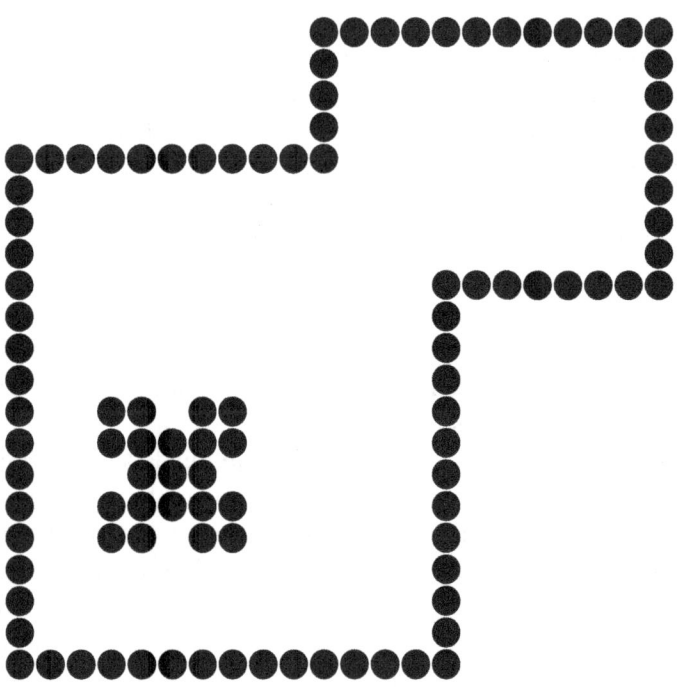

LEY 6. CONTEXTO

Lo que se encuentra en el límite de la simplicidad también es relevante

Se trata del modo en que se coordinan nuestros ojos y nuestras manos. Imagínese ante una rueda de alfarería, dando forma a cada detalle con una gran concentración. Todo aquello que es importante se produce en primer plano, al alcance de sus dedos, y se encuentra completamente dentro de su campo visual inmediato. Suena el teléfono móvil o llaman al timbre de la puerta, y el férreo control se interrumpe cuando aquello que se encuentra en segundo plano se coloca en primer plano. Afortunadamente, ha podido usted darse cuenta de que el agua que estaba en el fuego se había puesto a hervir, o de que se había cortado en la mano y estaba sangrando.

Aunque las palabras «estrecho» y «especializado» tienen en esencia el mismo significado, la primera tiene una connotación negativa y la última tiene implicaciones positivas. Un atleta que llega a competir en los Juegos Olímpicos, por ejemplo, no es «estrecho», sino que está especializado. Pero la especialización no siempre es algo bueno.

En una ocasión, mi profesor Nicholas Negroponte me aconsejó que fuese como una bombilla en lugar de como un rayo láser, a una edad y en una época en que mi carrera estaba muy especializada. Argumentaba que, aunque con un láser es posible iluminar un solo punto, se puede utilizar la misma cantidad de luz para iluminar todo aquello que nos rodea. La lucha para alcanzar la excelencia generalmente conlleva el sacrificio de todo lo que se encuentra en un segundo plano con el objeto de ocuparse de aquello que es prioritario. Acepté el desafío de Negroponte como un objetivo superior para encontrar el sentido de todo cuanto nos rodea, en lugar de limitarme a lo que tengo delante.

Lo que reside en el límite de la simplicidad, realmente, también es relevante. La sexta Ley enfatiza la importancia de lo que podría perderse a lo largo del proceso de diseño. Lo que parece tener una relevancia inmediata puede casi no ser tan importante en comparación con todo lo que hay alrededor. Nuestro objetivo es alcanzar un tipo de superficialidad aligerada. Y para ello resulta apropiado iniciar este recorrido hablando de nada.

NADA ES ALGO

La ciencia sostiene que la entropía del universo no cesa de crecer. ¿Qué significa esto en términos no científicos? Una niña abre un libro de cuentos ilustrado, ojea las imágenes y observa que una parte de la página está en blanco. Agarrando un lápiz con el puño, mueve la mano hacia el espacio en blanco. ¿Qué es probable que haga? Por supuesto, rellenar el vacío.

Este es el octavo libro que he diseñado y escrito, pero es el primero que tiene más texto que dibujos. Todos los diseños han respaldado la preferencia común de maximizar el «espacio en blanco», en especial todas las partes de la página que están en blanco y que rodean al texto. Dichas superficies incitan al caos, de la misma manera que un mostrador en una casa atrae monedas, cartas, llaves y más cosas. Del mismo modo, podríamos garabatear apuntes en esos espacios vacíos que los rodean y también en los renglones que separan las líneas de texto.

Observemos el simple desafío de una página cuyo único texto es: «No escribir en esta página». ¿Es usted capaz de resistir el impulso? Vaya hasta la página 83 y haga la prueba. La invitación del espacio en blanco de la página desafía a su orgullo mediante cinco palabras escritas que pueden dominar su voluntad. Su impulso natural es preguntar «¿Por qué no?». En ausencia de explicaciones, tenemos que rellenar el vacío nosotros mismos o, literalmente, con nuestros apuntes a lápiz, o, de modo metafísico, con nuestras propias conciencias. ¿Tal vez se deba a la religión del autor? ¿O quizás sea una medida radical para ahorrar el suministro global de tinta? En ocasiones podemos quedarnos fuera del objetivo, pero, según esta sexta Ley, la del CONTEXTO, significa que, realmente, estamos en la vía correcta.

Durante mi visita a un santuario en Japón, me fijé en una gran zona rectangular que había sido acordonada con una cuerda decorada con papeles blancos. El rectángulo estaba vacío, y transmitía un aire de nobleza por su proximidad inmediata con un templo. ¿Se trataba de un cementerio sagrado? Me quedé contemplando el significado del vacío durante muchos minutos, dejándome invadir por la misma tranquilidad que había experimentado en el vecino jardín de roca de estilo zen. Un sacerdote se acercó a la misteriosa zona rectangular y saludó a un coche que entraba en las terrazas del templo. La cuerda estaba desatada y el vehículo se introdujo en el espacio para recibir la bendición anual que le protegería de los accidentes y de los daños. Esto me recordó que uno no necesita ser un monje zen para apreciar los espacios vacíos, especialmente cuando intenta aparcar en una calle muy transitada de Manhattan.

Si al recibir un espacio vacío o un sitio suplementario los tecnólogos imaginaran algo para rellenarlo, del mismo modo los hombres de negocios no pasarían por alto una oportunidad perdida.

Por otra parte, un diseñador decidiría hacer todo lo posible por preservar el vacío debido a su perspectiva de que *nada* es *algo* importante. La oportunidad perdida por el incremento de la cantidad de espacio en blanco se recupera mediante la mejor calidad de la atención en aquello que permanece. La presencia de más espacios en blanco supone que se expone menos información. A cambio, se otorga proporcionalmente más atención a aquello que se encuentra menos visible. Cuando hay menos, lo valoramos todo mucho más.

EL AMBIENTE SE ENCUENTRA EN TODAS PARTES

Levante un momento la vista del libro y observe a su alrededor. ¿Qué es lo que ve? Puedo ver a otros pasajeros en el pequeño espacio en el que estoy tecleando este fragmento en mi pequeño ordenador portátil. El sonido de los motores es tan elevado que es difícil oír otra cosa que no sea ese ruido uniforme. Y la altura de los asientos me impide ver más allá de la cabeza calva del pasajero que tengo delante. La experiencia de subirse a un avión puede suponer un aislamiento muy incómodo en casi todos los sentidos. En un sitio en el que hay tan pocas cosas significativas que se puedan sentir, cada sensación se magnifica, por pequeña que sea.

Por ejemplo, intento contrarrestar el ruido del ambiente con el uso de tapones industriales para los oídos. Ahora, en lugar del silencio, oigo cómo mis pulmones expelen lentamente el aire. Me pongo un antifaz para que no me molesten las luces superiores, aunque la tela me oprime la cara recordándome su presencia y el motivo por el que me lo he puesto. Las pequeñas cosas que se encuentran en nuestro entorno cobran importancia cuando se nos obliga a prestarles atención. De este modo, el segundo plano o el entorno cobra prioridad sobre el primer plano o sobre la tarea

NO ESCRIBIR EN ESTA PÁGINA.

específica cuando no hay nada en qué fijarse salvo todo aquello que nos rodea.

Al ir de vacaciones al trópico por motivos únicamente de relajación, el mero contacto con el ambiente del punto de destino proporciona el descanso necesario. La suma total de los numerosos pequeños detalles de la experiencia, el aire purificado, el mayor porcentaje de sonrisas, los sabores deliciosos y todo lo demás se añaden a aquello que es especial. El sector de la hostelería y otros sectores cuyo desarrollo depende de la experiencia requieren una atención exhaustiva a todos los detalles que habitualmente pasan desapercibidos a nivel individual, pero que alcanzan una gran importancia cuando se acumulan entre sí.

En una ocasión fui a ver a un amigo mío, diseñador, a un tranquilo piso en París, con las paredes blancas, las superficies blancas y los muebles blancos. Me preparó un almuerzo a base de *sushi* dispuesto de manera estética. El atún rojo, el salmón rosa, el calamar blanco, la caballa plateada y un trocito de hoja verde estimularon mis sentidos visuales en cuanto mi mente presenció la escena. Cuando alcancé mis palillos para comenzar, mi amigo dijo: «La habitación en la que estamos influye en el sabor de esta comida». Cierto. Con todo el blanco inmaculado que me rodeaba, incluido el plato sobre el que había sido servido el *sushi*, las finas lonchas de pescado crudo sobre la bola de arroz blanco parecían flotar en el espacio. Imaginé que el sabor sería muy diferente en un entorno dispuesto con diferentes platos, mesa y decoración, e incluso con personas diferentes. El ambiente es la proverbial «salsa secreta» que acompaña a cualquier gran comida o intercambio memorable. La creación de un espacio en blanco o, traducido a una habitación, de un «espacio limpio» permite que el primer plano deje paso a lo que se encuentra en segundo plano. Sin embargo, la verdad es que en la vida diaria es improbable que lo despejemos todo con la misma facilidad con la que pulsamos la tecla «suprimir» del procesador de textos. El «sabor» de cualquier actividad que afrontamos puede mezclarse con el sinsabor del desorden de nuestros escritorios. Pero la sonrisa casual de un niño puede, en ocasiones, ayudarnos a olvidar cualquier desorden. Estar en sintonía con aquello que nos rodea en nuestro entorno puede ayudarnos a veces a tratar con lo que tenemos inmediatamente delante de nosotros. Para recrear la sensación de simplicidad del ambiente es necesario prestar atención a todo aquello que parece no tener importancia.

CÓMODAMENTE PERDIDO

Google lanzó en 2005 un servicio que permite ver su propio barrio mediante una fotografía por satélite con solo introducir la dirección. La primera impresión es «¡Ahí estoy yo!», seguido de «¡Ahí está todo lo demás!», al ver todas las casas y las carreteras que le rodean. Aunque normalmente no es necesario un mapa para conocer su ubicación estando sentado en casa, existe un cierto sentimiento de comodidad al saber el punto que se ocupa en el mapa. El interés por esa página web disminuye una vez que se ha comprobado la propia ubicación. El sentimiento de comodidad deja paso a la monotonía.

Es fácil comenzar un libro, pero en algún lugar en el medio es posible sentir incertidumbre acerca de lo que falta para el final. Una simple barra de progreso con una x para marcar el punto puede informar del punto hasta el que hemos llegado y saber cuánto queda por delante. Los libros digitales requieren dichas indicaciones, pero los libros impresos como el que tiene entre sus manos solo necesitan una rápida mirada a ambos lados para conocer la posición general. Los números de página y otros elementos de navegación tradicionales como los encabezamientos de capítulos son otros elementos de información que contribuyen a que no se sienta usted perdido. Una barra de progreso impresa en cada página de este libro, aunque podría resultar barata, sería una exageración.

Existe un término medio importante entre sentirse completamente perdido en lo desconocido y completamente encontrado en lo familiar. Un exceso de familiaridad puede presentar el aspecto positivo de tener todo el sentido, lo que para algunos puede resultar aburrido, mientras que un exceso de incógnita puede presentar las connotaciones negativas del peligro, lo que puede resultar emocionante para algunos. Existe, por tanto, un término medio entre estar encontrado y estar perdido:

¿HASTA QUÉ PUNTO PUEDO SOPORTAR ESTAR DIRIGIDO?	←···→	¿HASTA QUÉ PUNTO ME PUEDO PERMITIR AVANZAR SIN INDICACIONES?

Su sentimiento de juventud, su estado de salud y su sentido de la aventura dictarán su preferencia por la seguridad frente a la emoción de encontrar el justo equilibrio en el que uno puede «perderse cómodamente».

He experimentado personalmente esta sensación de estar «cómodamente perdido» en el transcurso de una caminata en Maine. Observé que las rutas estaban marcadas con rectángulos de pintura azul brillante. Cada una de las rutas estaba en muy buen estado y era, por tanto, muy fácil orientarse, pero de vez en cuando hacía una pausa y me preguntaba: «¿Hacia dónde voy ahora?». Y, de forma casi mágica, una de esas marcas azules que permanecían en el segundo plano de mi campo de percepción «saltó» literalmente al primer plano. Habiendo renovado mi rumbo, regresé lentamente a la contemplación de las bellas vistas de bosques sin límites con la satisfacción emocional y la comodidad que se siente en una caminata por el monte.

Si el bosque estuviese tapizado con diez veces más marcas azules de las que vi durante mi paseo, la probabilidad de perderme se habría reducido considerablemente. Uno puede imaginar que las marcas están organizadas de manera más simbólica, digamos que, con una flecha de verdad, en lugar de con una críptica marca lineal. Y, si deseamos llegar tan lejos, ¿por qué no pintar directamente el texto «Por aquí» sobre las piedras con una Helvética de 100 puntos para no dejar el más mínimo espacio a la ambigüedad? Si bien, en un determinado punto, cuando hayan sido añadidos demasiados elementos sofisticados, el verdadero valor del bosque no pintado se desvanecerá de repente.

El puente que conecta los contextos del primer plano y del segundo plano puede ser representado en un mapa o, de modo menos explícito, mediante las marcas de pintura azul del bosque. La incorporación total del espacio vacío elimina la necesidad de establecer un puente específico entre el primer plano y el segundo plano porque la navegación está implícita, es *imposible* perderse.

La complejidad está relacionada con el hecho de sentirse perdido, mientras que la simplicidad tiene que ver con el hecho de sentirse encontrado. Según la quinta Ley, la de las DIFEREN-CIAS, las transiciones entre simple y complejo son un factor clave en el ritmo de las percepciones. En esta sexta Ley, preguntamos qué sucede entre los ritmos y averiguamos dónde nos encontramos en el transcurso de la canción. Una vez que nos hemos ubicado apropiadamente, somos completamente libres de perdernos en el ritmo.

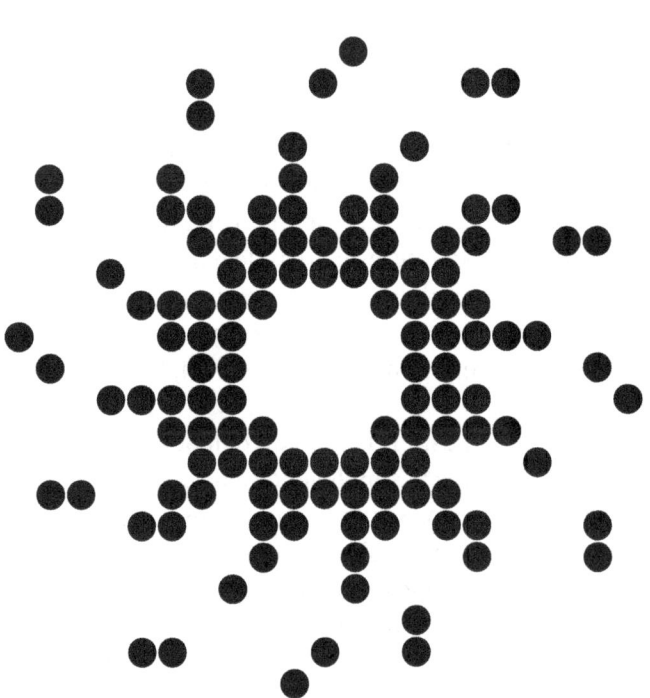

LEY 7. EMOCIÓN

Es preferible que haya más emociones a que haya menos

La simplicidad puede ser considerada fea. Pienso por ejemplo en mi madre, que desprecia completamente todo aquello que sea de color neutro o de forma minimalista. Quiere flores de neón, ranas con pedrería y otros objetos decorativos. En lo que respecta a la estética, le va todo lo «ostentoso».

Desde un punto de vista racional, la simplicidad tiene un sentido económico. Los objetos simples son más fáciles y menos costosos de fabricar, y esos ahorros pueden ser revertidos directamente en el consumidor mediante precios bajos y atractivos. Como pone en evidencia la línea de productos simples extremadamente asequibles de la empresa de muebles Ikea, la simplicidad beneficia al comprador sobrio. Sin embargo, existen personas como mi madre que dirían que la simplicidad no solo es barata, sino que además también lo *parece*. Un fuerte sentimiento de autoafirmación nos domina a todos los seres humanos, y muchas de las decisiones que tomamos no solo se rigen por la lógica.

La séptima Ley no es apta para todos, siempre estarán los modernistas obstinados que rechazan cualquier objeto que no sea blanco o negro, o con superficies despejadas o reflectantes. Mi madre opina que el iPod carece totalmente de atractivo. Y aunque las personas mayores no constituyen el mercado al que se dirige Apple (al menos de momento), sigo siendo el mismo hijo obediente que educaron mis mayores, y encuentro, por tanto, que la séptima Ley es un componente necesario en la caja de herramientas de la simplicidad. *Es preferible que haya más emociones a que haya menos.* Cuando las emociones se colocan por encima de todo lo demás, no hay que tener miedo a añadir adornos o capas significativas.

Me doy cuenta de que esto parece contradecir la primera Ley, la de REDUCIR. Pero empleo aquí un principio específico para determinar el tipo correcto de más: «sentir y amar». Todo comienza siendo sensible a los propios sentimientos. ¿Sabe acaso cómo siente? ¿Ahora mismo? Tras conectar con la inteligencia emocional dentro de uno mismo, la siguiente etapa consiste en identificarse con el entorno que le rodea. «La Forma viene después de la Función» da paso a un enfoque del diseño más orientado hacia las emociones: «el Sentimiento viene después de la Forma». En este capítulo hablamos de la emoción y del progreso hacia la complejidad (y del alejamiento de la simplicidad) que ello requiere a veces.

SENTIR Y AMAR: ETIQUETA

He enviado correos electrónicos desde 1984, cuanto llegué al MIT como estudiante novato. Aunque algunos de mis compañeros de clase habían experimentado con Compuserve, antecesor de compañías de servicios en línea como AOL, el concepto de la Red me resultaba más bien desconocido. Enseguida me di cuenta de que todos aquellos que tenían entonces cierta relevancia disponían de ese extraño artefacto llamado «módem» que servía para conectarse a la red de ordenadores. De modo que conseguí uno y, rápidamente, me esclavicé. No solo comprobaba mi correo electrónico por costumbre, sino como sustituto de la respiración, y esta obsesión mía insana aún me preocupa. Lo que me recuerda que ... *Ahí.* Esta bocanada que acabo de tomar cubrirá el resto del día. ;-)

La carita sonriente que se encuentra al final de la frase provoca que inclinemos la cabeza a la izquierda, y pone de manifiesto un ligero toque de emoción visual. Internet me dice que la carita sonriente puede tener su origen en 1982, a manos de un tal Scout Fahlman, que se encuentra actualmente en la Universidad de Carnegie Mellon. Me parece extraño que, en la larga historia de los textos tipográficos, que se remonta a Gutenberg, este invento no haya aparecido antes. El hecho de escribir a mano no conduce por sí solo al empleo de las caritas sonrientes, aunque en la era de la escritura a máquina cabría esperar haber encontrado la graciosa combinación de caracteres que pueden crear una amplia variedad de caritas, como :-) 8^) ;-o =), |-D y muchas más. ¿Por qué han evolucionado las caritas sonrientes? ¿Por qué motivo necesita el medio de comunicación escrito tales florituras barrocas? Porque el ser humano necesita expresar mejor las emociones para transmitir los matices de la comunicación que damos por hecho en la comunicación hablada. La interrelación mediante el texto, el diálogo con otras voces incorpóreas; es fácil desviarse de aquello que normalmente la sociedad considera como «más». Las caritas sonrientes han evolucionado para convertirse en un medio de matizar y suavizar las conversaciones de texto sin las coletillas faciales que se emplean para hacer ver que «solo estamos bromeando». Y aunque ahora es posible enviar fotografías, el texto sigue siendo dominante. Mis hijas me envían mensajes de correo electrónico con textos de todos los tamaños, de todos los colores y, a veces, ¡TODO EN MAYÚSCULAS! Esto no solo consigue que la tarea de escribir un correo electrónico les resulte innecesariamente compleja, sino que, ¡además me hace daño en los ojos! De cualquier modo, acepto encantado sus mensajes de alta fidelidad, ya que me consta que su exuberancia juvenil no puede ser contenida solo por unos simples mensajes de texto. ¿Acaso no tiene mucho más sentido la frase «¡Te quiero!» cuando se escribe «¡TE

QUIERO!»? Imagínela escrita en caracteres de 36 puntos, en color rosa y amarillo brillante, y seguro que salta a la vista.

Se han dicho muchas cosas acerca del desarrollo desde la infancia hasta la edad adulta como proceso gradual para coartar las manifestaciones emocionales. Al disponer del privilegio de impulsar las mentes y de desarrollar las carreras jóvenes de forma diaria, puedo constatar que hay personas que pulsan el botón silenciador de las emociones cada día. Pregunté una vez a una de mis estudiantes en el MIT por qué nunca sonreía cuando se comunicaba con los demás. «Porque no quiero parecer no profesional», me dijo. Este hecho me hizo reflexionar acerca de mis propios intentos de proyectar profesionalidad como profesor, intentos que habían provocado una inclinación natural hacia el estereotipo severo y autoritario. Como artista, los resultados de mi autoanálisis me parecieron ofensivos. De este modo, hoy intento responder a mis hijas en letras mayúsculas y de colores cuando nadie mira: «¡¡¡YO TAMBIÉN TE QUIERO!!!».

SENTIR Y AMAR: LA ELECTRÓNICA AL DESNUDO

Cuando inicié mi primer blog en el MIT, descubrí que la entrada más solicitada era la titulada «Electrónica al desnudo». Podía imaginar la decepción que puede sentir un empollón en busca de emoción al encontrar mi prosa totalmente vestida.

Al decir «electrónica al desnudo» me refiero a la tendencia de fabricar objetos electrónicos de consumo doméstico que sean lisos, sin juntas, y de tamaño pequeño para satisfacer la demanda de simplicidad del mercado. Mediante el uso de métodos como ELLA, los diseñadores pueden simplificar un objeto hasta su núcleo y librarse del aire de misterio. Pero, igual que un inocente que ha sido timado, uno no puede evitar preguntarse si ELLA es responsable de que los pequeños objetos escuálidos parezcan ligeramente fríos.

El mercado en auge de los accesorios decorativos y de protección del ipod resuelve este problema, aunque también suscita una duda peculiar. ¿Por qué, tras haberse ahogado en la simplicidad de un dispositivo, la gente se precipita a añadirle accesorios? ¿Por qué veo, al recorrer la tienda de accesorios del aeropuerto mientras espero un vuelo, a tantos hombres de negocios examinando detenidamente carcasas de Treo metálicas, de plástico, de cuero y de tela con la misma viveza de mis hijas más pequeñas cuando eligen los atuendos de sus Barbies? El uso de carcasas para aplicar a la simplicidad permite alcanzar dos objetivos importantes. Para empezar, mientras ELLA puede conseguir que un objeto sea más pequeño al aliviar el temor natural vinculado a las máquinas que son más grandes y más complejas, la aplicación correcta de ELLA puede infundir un tipo diferente de temor: la inquietud por la supervivencia del objeto. Por ejemplo, uno de mis estudiantes tiene miedo de llevar consigo su iPod Nano ultrafino por temor a romperlo accidentalmente por la mitad. Una carcasa de iPod proporciona la protección necesaria para ese humilde y escuálido dispositivo.

La segunda razón se encuentra en la autoafirmación y en la necesidad de equilibrar la temperatura bajo cero del perfecto artefacto electrónico de consumo con un sentimiento de calor humano. Mientras el núcleo conserva su desnudez pura, simple y fría, la vestidura puede mantenerlo caliente, vivaz y simplemente desafiante si es lo que se pretende. La combinación de un simple objeto con una funda o con accesorios opcionales otorga al consumidor la ventaja de expresar sus sentimientos y sus afectos hacia sus cosas.

SENTIR Y AMAR: AICHAKU

A medida que íbamos creciendo, mis hermanos y yo aprendimos que todo lo que nos rodea, incluidos los objetos inanimados, tenían un espíritu vivo que merecía respeto. «¿Incluso una taza?», preguntábamos. «¿Incluso un pupitre?». «¿Incluso un envoltorio de chicle?». «¿Incluso nuestra casa?». La respuesta era siempre: «Sí». Ciñéndome a este estricto código de vida, cada vez que cogía una hoja de papel en blanco la arrugaba y la tiraba, estableciendo así las bases para un castigo. Con ello estaría negando la existencia del papel para realizar una tarea útil, y obtendría una respuesta divina provocada por la falta de respeto que había mostrado hacia el papel. El sistema de creencias de mi familia se basaba en una forma extrema del sintoísmo, que es la antigua tradición japonesa del animismo.

La creencia de que todas las cosas que nos rodean, rocas, ríos, montañas y nubes, están «vivas» en cierta manera era algo que yo no era capaz de comprender cuando era niño. Pero, desde que soy mayor, prefiero que el mundo conserve sus misterios intactos y me siento más cómodo con la reflexión. En muchos dibujos animados japoneses, como la obra del aclamado animador Hayao Miyazaki, la creencia en el espíritu que vive dentro de todos los objetos está, valga el juego de palabras, vivita y coleando. La tecnología ha contribuido a difundir la ilusión de vivir literalmente con robots que caminan, que hablan e incluso que bailan. El perro robot AIBO de Sony ha sido fabricado en plástico, con motores y con un sofisticado ordenador. Evidentemente, el perro no está vivo, aunque algunos propietarios de AIBO se comportan con él casi como si fuera una mascota de verdad, acariciándole con suavidad y haciéndole carantoñas como para expresar su amor por un producto de consumo animado, pero no vivo.

El furor por los tamagochis a finales de los años noventa también ha demostrado que cualquiera podía enamorarse de un pequeño aparato electrónico anhelante por recibir los cuidados de un ser humano. Nuestra necesidad de cuidar de algo que es puramente imaginario se amplía hacia los Neopets de la Red, donde millones de personajes de dibujos animados son hoy alimentados y queridos. Aunque sea contrario a las creencias de las religiones tradicionales predominantes en Occidente, este tipo de animismo digital parece ser aceptable, y su práctica parece crecer entre nuestros jóvenes tan empapados de tecnología. Si podemos amar a un monstruo que está en la pantalla o a un bebé digital encapsulado dentro de una cajita electrónica, ¿sigue siendo un exceso amar y respetar a un simple trozo de papel?

El modernismo es el movimiento del diseño que condujo al aspecto limpio e industrial que tienen muchos objetos en nuestro entorno. Rechazaba los adornos innecesarios para exponer la verdad de un objeto mediante las materias primas empleadas en su fabricación. La rica tradición japonesa de los artefactos fabricados casi de manera perfecta en madera y arcilla parece basarse en los mismos principios de diseño que el modernismo. Sin embargo, este asunto animista constituye una faceta oculta del diseño japonés. La precisión de las superficies lacadas de una caja *bento* es más que el fruto de una simple elaboración delicada, pues dichas superficies, y la caja *bento* que incluyen, están vivas en esencia. La caja inanimada sigue la línea de su propia existencia espiritual. Puede existir un vínculo emocional natural con la fuerza vital del objeto, que es una especie de adorno profundo y oculto que solamente conocen aquellos que lo sienten.

AI («amor»)   CHAKU («adaptación»)

Aichaku es la palabra japonesa para describir el sentido del vínculo que alguien puede sentir por un objeto. Al escribirlo mediante sus dos caracteres *kanji*, se puede comprobar que el primer carácter significa «amor» y el segundo significa «adaptación». «Amor-adaptación» describe un tipo de vínculo emocional más profundo que puede sentir una persona por un objeto. Es una especie de amor simbiótico por un objeto que merece afecto no por lo que hace, sino por lo que *es*. El reconocimiento de la existencia del *aichaku* en el entorno que hemos construido nos ayuda a aspirar a diseñar objetos que la gente pueda llegar a amar, cuidar y poseer durante toda la vida.

EL ARTE DEL MÁS

En noviembre de 2005 se inauguró una exhibición de mi arte digital en la Fundación Cartier en París. La inauguración tenía lugar a la vez que una muestra de la obra del artista australiano Ron Mueck, un hombre intenso y de voz suave conocido por sus esculturas de grandes dimensiones e increíblemente vivas. Cada uno de los cabellos, el brillo de los ojos, la piel con las venas pintadas, todos los detalles eran perfectos. Tan perfectos que, al acercarse a una de las obras de Mueck, uno se pregunta: «¿Es de verdad?». A medida que la mano se aproxima para confirmar el calor de la forma humana que se encuentra delante, la mente nos dice que el gigante esculpido no puede existir.

El mejor arte es aquel que hace que la cabeza le dé vueltas a uno con preguntas. Tal vez esta sea la diferencia fundamental entre el arte puro y el diseño puro. Mientras el arte con mayúsculas nos incita a cuestionarnos, el diseño con mayúsculas aclara las cosas.

A veces, en cambio, la claridad sola no es la mejor solución en materia de diseño. En mi inauguración de París, un viejo amigo de Milán me habló de una señora poderosa de la alta sociedad italiana a la que habían diagnosticado un cáncer. Mientras aún se estaba recuperando del impacto de la noticia, su médico le informó de que faltaban diez minutos para acabar la consulta. A pesar de su delicado estado, tendría que irse para que él pudiera anunciar noticias similares a otros pacientes que estaban esperando. En este caso, el diseño extremadamente eficaz de su sistema de comunicación carecía de la menor delicadeza con respecto a las ambiguas dimensiones de los sentimientos, que son cosas que atañen al arte.

Posteriormente, a la buena mujer se le ocurrió una solución que tal vez podría cubrir el vacío entre el mensaje y la emoción. Durante los cinco meses que le quedaron de vida creó una fundación para construir centros artísticos, con diseños de gran belleza, cerca de las unidades de oncología, donde aquellos que afrontan la muerte cara a cara pueden bañar sus mentes y sus corazones. El arte, una razón para vivir, es atemperado mediante el diseño, la claridad del mensaje.

No es difícil alcanzar la claridad. El oncólogo de la mujer italiana dominó el concepto con facilidad. El verdadero desafío es alcanzar la comodidad.

La inteligencia emocional constituye hoy en día una importante faceta de los políticos, y la expresión de la emoción ya no se ve como una debilidad, sino como un rasgo humano deseable con el que todos podemos identificarnos de inmediato. Nuestra sociedad, nuestros sistemas y nuestros objetos requieren un compromiso activo con el cuidado, la atención y el sentimiento. El valor del negocio puede no aparecer de modo inmediato, pero la satisfacción de vivir una vida llena de sentido es el PDE (Producto de la Emoción). Un determinado tipo de más siempre es mejor que menos: más cuidados, más amor y más actos con sentido. Realmente, no creo necesario decir *más*.

LEY 8. CONFIANZA

Confiamos en la simplicidad

Imaginemos un dispositivo electrónico con un solo botón sin etiquetas en su superficie. La tarea inmediata podría realizarse pulsando el botón.

¿Desea escribir una carta a la tía Mabel? Adelante, pulse el botón. Clic. Se ha enviado una carta. Usted sabe con absoluta certeza que la carta ha sido enviada y que expresa exactamente lo que quería decir. Eso es simplicidad. Y no nos encontramos lejos de la realidad.

Cada día, el ordenador se hace más listo. Él ya conoce su nombre, su dirección y su número de tarjeta de crédito. Al saber dónde reside la tía Mabel y al haber presenciado cómo usted le escribió una carta anteriormente, el ordenador puede enviar por usted una agradable aproximación en forma de correo electrónico. Con solo pulsar un botón se realiza la acción, *finito*. Que el mensaje sea coherente y que no acabe usted siendo excluido de la lista de felicitaciones de Navidad de la tía Mabel es otra historia, pero es el precio de no tener que pensar. *Confiamos en la simplicidad.*

Disponer de una cuenta de correo electrónico con Yahoo! o con MSN significa que se puede acceder fácilmente al correo electrónico desde cualquier parte del mundo. Otra ventaja es que el servicio de correo electrónico puede ser configurado dependiendo de su lista de contactos y del tipo de mensajes que usted envía con más frecuencia. Por ejemplo, una tecla que diga «Enviar a la tía Mabel» puede aparecer automáticamente justo antes de su cumpleaños. Sin embargo, es fácil olvidar que todos los detalles de nuestra e-vida social quedan expuestos a una compañía, o tal vez a un gobierno, fuera de nuestro control directo. La pregunta está en hasta qué punto admitiríamos que el ordenador supiese lo que pensamos, y en cuán tolerantes podríamos llegar a ser en caso de que –y cuando– el ordenador cometiera un error al adivinar nuestros deseos. La mayoría de las personas renunciaría de buen grado a algunos de los detalles rutinarios de sus vidas para disponer de más tiempo libre, como se manifiesta en la tercera Ley. Pero la simplicidad obtenida ¿compensa el riesgo de depositar nuestra confianza en los dispositivos que nos rodean? El problema de la intimidad en la era digital no puede ser resuelto en las próximas páginas, así que vamos a enfocar el problema de la confianza de una manera simple.

RELÁJATE. ÉCHATE HACIA ATRÁS

No es fácil aprender a nadar en la edad adulta. Antes de graduarme en el MIT, había conseguido librarme del requisito de saber nadar demostrando que podía mantenerme en pie dentro de la piscina. Después de dejar el MIT probé toda clase de programas de natación en vano. La experiencia de aprender a nadar en el MIT dio mejores frutos. Admito que, como profesor, tomar clases de natación con los estudiantes novatos era, en cierto modo, extraño. Acababa de ingresar en el cuerpo docente del MIT y, como el traje de baño y las gafas me hacían parecer más un estudiante mayor que un profesor, me integré bastante bien. Los demás estudiantes de la clase me preguntaban: «¿Cuál es tu especialidad?». Y yo guardaba mi secreto.

Mi profesor de natación, nada ortodoxo, no nos enseñó a nadar. En su lugar, dedicó la mayor parte del curso a enseñarnos a «echarnos hacia atrás» y confiar en el agua. Continué esperando aprender a nadar, pero, mientras tanto, me fui habituando a inclinarme hacia atrás o a doblarme hacia delante en el agua. Se produjo un momento de aprendizaje cuando nos pidió que avanzáramos y que agitáramos brazos y pies; de repente, ¡estaba nadando! Me di cuenta de que siempre supe nadar; simplemente, no confiaba en el agua.

Me recordaron mi bautizo de natación hace poco, cuando tuve la fortuna de conocer al director de innovación del fabricante danés de equipos estéreo Bang & Olufsen. Desde su condición de Maserati de la electrónica de consumo en cuanto al estilo, la actitud y el precio, B&O me reveló un dato importante para mi búsqueda de la comprensión de la simplicidad. Su legendario mando a distancia (mencionado en la primera Ley) engloba cualidades propias de la simplicidad, como la organización esmerada y la atención que se presta al contraste. Deseaba iniciar una conversación acerca de la simplicidad que pudiese ayudarme a comprender la lógica o, aún mejor, el *espíritu* de la filosofía del diseño que convierte a la electrónica de consumo en un arte. La respuesta, como pude comprobar, era bien simple.

B&O no persigue la calidad del sonido, sino la calidad de *echarse hacia atrás*... y disfrutar de algo, sin más. Se trató de una lección inesperada, aunque coherente con el enfoque periférico de la sexta Ley. El propósito de inclinarse hacia atrás es alcanzar la relajación como estado ideal en el que el audio y el vídeo puedan irnos invadiendo progresivamente, ya no como intrusos. Solo podemos relajarnos de verdad cuando confiamos en que nos encontramos en las mejores manos y nos tratan con las mejores intenciones. Un sistema de B&O nos infunde la misma confianza en la inmersión que otorgamos al agua de la piscina cuando nos echamos hacia atrás y flotamos.

Muchas veces, nuestra sociedad competitiva impide echarse hacia atrás y relajarse. El exquisito diseño de B&O nos incita a bajar la guardia. Su extraordinario esmero con los detalles diluye el temor en la seguridad y nos invita a abandonarnos a su cuidado. Por lo menos, hasta que nuestra pareja nos saca del trance y un dedo negador nos señala la escandalosa cuenta de la tarjeta de crédito. El precio de experimentar la relajación con B&O es desalentador, pero observemos que se encuentra también disponible, y a un precio inferior, en un parque cercano, cualquier día templado, sobre un lecho de hierba verde que lleva nuestro nombre. Échate simplemente hacia atrás, es gratis.

CONFIAR EN EL MAESTRO

El poder de la comunicación negativa en torno al sector de la alimentación me lleva a hacer una mueca al estilo de Woody Allen cada vez que me enfrento al menú de un restaurante. Por ejemplo, la ternera se traduce en la «enfermedad de las vacas locas», el pollo adopta la forma de la «gripe aviar», el pescado me recuerda el «envenenamiento por mercurio» y la opción vegetariana alude a los «cultivos transgénicos». No estoy seguro de mi elección, ni sé en quién confiar una vez haya realizado mi selección.

Para evitar semejante estrés en la mesa, los mejores restaurantes de *sushi* proponen la comida *omakase*. *Omakase* viene a querer decir «tú decides», dejando al chef del restaurante la elección de la comida. El proceso es simple. El chef nos mira, nos analiza rápidamente, reflexiona acerca del tiempo que hace hoy y sobre la temporada actual, considera el surtido de pescados de que dispone en su despensa, se hace una idea aproximada del menú más conveniente, empieza a preparar la comida añadiendo progresivamente los ingredientes, observa atentamente nuestra reacción y adapta la comida en consecuencia.

Generalmente hay un precio fijo para este servicio especial del chef, aunque no supone inconveniencia alguna indicar el presupuesto general. El truco para quedar culinariamente satisfecho con el *omakase* no está directamente relacionado con el costo, sino con la confianza que el chef tiene en sus habilidades. Esta forma de autoconfianza egotista tiene sus raíces en el «orgullo masculino» del Maestro, o *konjo*, lo cual es probablemente más importante que su propia vida, o al menos eso reza la sabiduría del Maestro. El equivalente occidental del *omakase* es el «menú del chef». Desde el aperitivo hasta el postre, pasando por el plato principal, se ofrece un exquisito surtido de dos o tres opciones en cada etapa de la comida. De este modo, el menú del chef pasa a ser una gran comida al utilizar los mejores alimentos del día anterior.

Sin embargo, existen algunas diferencias críticas entre el menú del chef y el *omakase*. Por ejemplo, el menú del chef constituye un enfoque de menor riesgo, porque, al final, la responsabilidad por cualquier error recae en el comensal por haber elegido cada uno de los platos; el enfoque del *omakase* es más arriesgado, ya que toda la responsabilidad reside en el Maestro. Además, en el enfoque del menú del chef, el cocinero se encuentra en la cocina, alejado del proceso de encargo, y es incapaz de evaluar si los platos ofrecidos cubrirán perfectamente las necesidades del comensal. En cambio, en el caso del *omakase*, el comensal se sienta a pocos centímetros del Maestro *sushi*, por lo cual el duelo del Maestro por ganarse el beneplácito del comensal puede llegar a ser de vida o muerte.

La vanidad es un deporte de alto riesgo que hace subir las apuestas cuando todo lo que puede ofrecer a un cliente es su palabra y su reputación de Maestro. El exceso de confianza, generalmente, es enemigo de la grandeza, y existe poco espacio para el ego cuando la verdadera prioridad es complacer a un cliente. Pero hay que decir algo en favor de la confianza del Maestro de *sushi*.

Sabe, con una exactitud del cien por cien, que dará al comensal lo que quiere si este realmente desea someterse a su maestría y experiencia.

Quizá la comida *omakase* constituya una forma de sadismo culinario, una desviación gastronómica que afronta la extinción en un mundo cada vez más reacio al riesgo. Un Maestro del *sushi* no reconoce el riesgo, no tiene ningún temor. Se ha ganado la confianza de su cliente, o, de otro modo, luchará literalmente con sus propias manos para ganársela en cuanto tenga la menor oportunidad. La simplicidad se alcanza mediante el heroísmo del Maestro acreditado, porque en su *sushi* ya confiamos.

SIMPLEMENTE, DESHAZLO

Durante la temporada de invierno, se dispone usted a adquirir un regalo para una amiga. Con cada regalo, se entrega un recibo que ella puede utilizar, si así lo desea, para DESHACER la compra e intercambiarlo por uno diferente. Al efectuar el cambio, a ella misma le dan otro recibo con el que puede volver a cambiar el regalo de nuevo.

El hecho de poder devolver la compra posteriormente hace que el proceso de compra sea más simple al saber que cualquier decisión que se tome no es definitiva. Efectivamente, hoy en día los clientes no esperan que se les haga responsables de sus compras. Deseosas de construir la confianza de los consumidores en sus marcas, las empresas están dispuestas a asumir el riesgo suplementario que implica la posibilidad de devolver una compra. Las pérdidas generadas por el coste de las mercancías devueltas se compensan con las ganancias debidas a la confianza de los clientes. Este es el poder de DESHACER.

Las herramientas informáticas nos ofrecen la posibilidad de DESHACER con frecuencia, y ahora, infinitamente. El medio digital es un medio compasivo. Cualquier marca visual, palabra pronunciada o palabra tecleada en el ámbito digital puede ser retirada con la misma facilidad. La gente tiene opiniones diferentes acerca de la magia de DESHACER. Algunos piensan que esa característica consigue que la gente sea más creativa haciéndole correr más riesgos; otros afirman que DESHACER hace que la gente sea menos creativa, porque no piensa en las ideas, sino que crea por casualidad. La postura adoptada depende de si somos un Maestro *sushi* o, simplemente, cualquier Pepito Pérez.

De vez en cuando, me sorprendo a mí mismo añorando la antigua máquina de escribir y los frasquitos de fluido blanco corrector, el equivalente de DESHACER sobre el papel. Pero si yo renunciase a la comodidad que representa un procesador de textos moderno, sería *un idiota...* DESHACER... *un descuido.* Un producto capaz de corregir nuestros fallos a medida que van apareciendo nos aporta un gran servicio y logra ganarse nuestra confianza. La posibilidad de DESHACER es el antídoto a la falta de optimismo de cualquier Pepito Pérez. Al final, no todos podemos ser maestros del *sushi.*

La cuarta Ley, la del APRENDIZAJE, afirma el poder del conocimiento, que subyace en la capacidad que tiene el Maestro para ejecutar cualquier tarea con toda seguridad y sin el apoyo de una ayuda como DESHACER. Confiamos en que sus habilidades son absolutas e infalibles; de otro modo, ¿por qué le llamaríamos «Maestro»? Del mismo modo, el diseño de un equipo estéreo de B&O, con su autoconfianza, nos permite echarnos hacia atrás y relajarnos sometiéndonos al cuidado del Maestro-máquina. La confianza en un poder mayor que el propio es una costumbre que se nos inculca desde que nacemos, cuando los adultos que cuidan de nosotros proporcionan la máxima experiencia en simplicidad. Cada una de las necesidades y de los deseos son cubiertos por los padres, y a cambio, además de entregarles nuestra confianza, les confiamos nuestro amor.

Por el contrario, el proceso de DESHACER no tiene nada que ver con el amor, sino, simplemente, con una relación de conveniencia. El poder se reparte equilibradamente entre la experiencia y el usuario, de manera que ninguno de los lados quede por encima del otro. No puede existir una relación profunda porque cada interacción puede ser rebobinada hasta el principio. De este modo, el compromiso carece de significado cuando, por cada acción, existe la consiguiente contraacción. Al contrario que en la relación de confianza que se establece con un Maestro, el poder de DESHACER tiene como resultado un sentimiento de simplicidad, que tiene que ver con el hecho de no tener que preocuparse en absoluto. Aunque esta interpretación tiene cierta lectura moral triste, DESHACER no es ningún enemigo. Admitamos DESHACER como un colega que nos permite mantener las relaciones complejas con los objetos que se encuentran en nuestro entorno. Pero alejemos DESHACER al relacionarnos con las personas reales, si es posible.

CONFIEN EN MÍ

Tal y como predije en la tercera Ley, la del TIEMPO, el botón «Tener suerte» de Google, que tiene como objetivo llevarnos a la página que estamos buscando, nunca se equivocará, por lo que ya no tendremos necesidad de la suerte. En su lugar, Google se basará en su conocimiento de nuestros hábitos anteriores para predecir nuestras necesidades o nuestros deseos actuales. ¿Buscamos «sopa»? Probablemente estemos buscando las sopas Campbell, porque son las últimas sopas que han entrado en nuestra despensa. ¿Buscamos un «buen libro»? Probablemente estemos buscando libros semejantes a los que ya hemos adquirido en el pasado. Amazon.com ya dispone de un motor para realizar sugerencias, y aunque no es fiable al cien por cien, la potencia de los ordenadores del futuro podrá ayudar a las máquinas a comprender cada una de nuestras rarezas. Cuanto más sepa un sistema acerca de nosotros, menos tendremos que pensar. Del mismo modo, cuanto más sepamos acerca del sistema, mayor será nuestro control sobre él. Así, el dilema del uso de cualquier tipo de producto o servicio en el futuro estará en encontrar el siguiente punto de equilibrio con respecto al usuario:

¿CUÁNTO NECESITAMOS SABER ACERCA DE UN SISTEMA?   ←···→   ¿CUÁNTO SABE EL SISTEMA ACERCA DE NOSOTROS?

A la izquierda, se requiere un esfuerzo para aprender y dominar el sistema; a la derecha, hay que otorgar confianza al sistema, y esa confianza debe ser devuelta en consonancia. La intimidad se sacrifica en favor de una conveniencia suplementaria al seguir las directrices del Maestro. En cambio, la posibilidad de DESHACER nos permite convertirnos en Maestros y nos hace aprender a confiar en nuestro propio conocimiento de un sistema. La introducción de la fe se produce de muchas maneras.

Una nota final: hace años, en la universidad, tuve un compañero de oficina cuyo punto de vista era especialmente cínico. Un día me previno: «John, cuando alguien te diga: "Confía en mí", sustituye cada punto de la frase por "Jódete"». Cualquiera que pidiese tu confianza estaba, según él, traicionándote implícitamente. Por aquel entonces yo era la viva imagen de la ingenuidad, y posteriormente tuve dificultad para DESHACER este feo concepto y sacarlo de mi mente. En beneficio de la simplicidad, he aprendido a confiar ciegamente a pesar del consejo de mi compañero de oficina, aunque estoy abierto a DESHACER y a confiar en quien lo merezca.

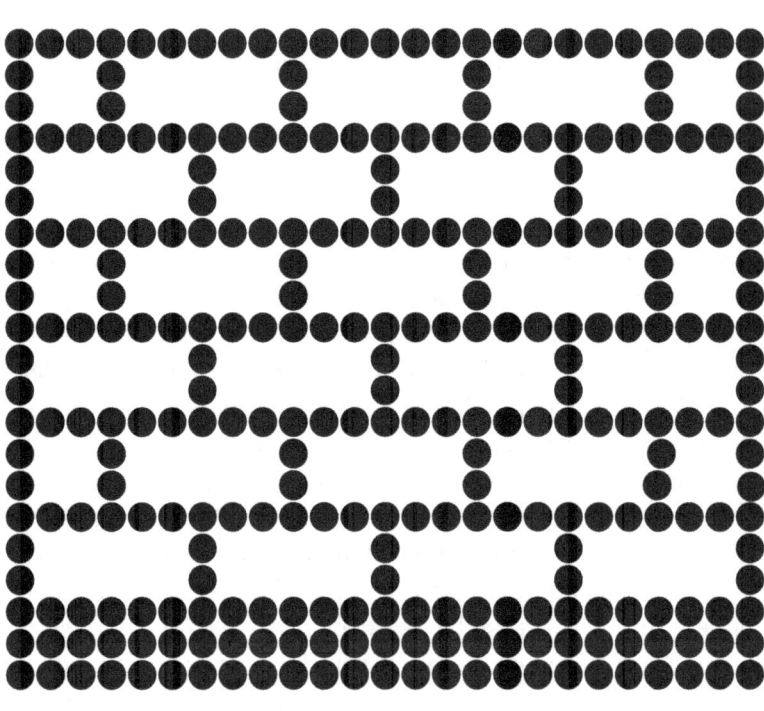

LEY 9. FRACASO

En algunos casos nunca es posible alcanzar la simplicidad

La verdad incluida en la novena Ley es algo que pude haber optado por OCULTAR, pero la octava Ley, la de la CONFIANZA, me obliga a hablar. *En algunos casos nunca es posible alcanzar la simplicidad.* Saber que la simplicidad puede ser evasiva en determinados casos constituye una oportunidad para emplear nuestro tiempo de manera más constructiva en el futuro, en lugar de perseguir un objetivo aparentemente imposible. Sin embargo, no resulta dañino empezar a buscar la simplicidad, incluso cuando el éxito se considera muy costoso o fuera de todo alcance.

Siempre hay un ADF (Aprendizaje del Fracaso) cuando tratamos de simplificar, lo que significa aprender de nuestros errores. Frente a este fracaso, un buen artista, o cualquier otro miembro del sector creativo, utiliza el acontecimiento desafortunado para cambiar radicalmente su punto de vista. El fracaso de alguien al realizar un experimento sobre la simplicidad puede suponer el éxito de otro hombre en una bella forma de complejidad. La simplicidad y la complejidad intercambian sus puestos mediante cambios sutiles en el punto de vista.

Concentrémonos en la belleza profunda de una flor. Observemos las numerosas hebras finas y delicadas que emanan del centro y los exquisitos matices de color que aparecen incluso en las más simples flores blancas. La complejidad puede ser bella. Al mismo tiempo, la bella simplicidad de plantar una semilla y añadir agua reside incluso en el nacimiento de la flor más compleja. Un simple bit en un código informático es capaz de producir un arte visual sorprendentemente complejo. En cambio, la compleja red de servidores y de algoritmos de Google produce una experiencia de búsqueda muy simple. Para considerar algo como complejo o simple, es necesario tener un elemento de referencia. Existen ciertas cosas que nunca quisiera que fuesen simples; entre ellas, mis conocidos más cercanos y mi colección de arte. La complejidad y la simplicidad son dos cualidades simbióticas. Al haber sido educado en la quinta Ley, la de las DIFERENCIAS, sé que estas se necesitan mutuamente, que sus definiciones respectivas dependen una de la existencia de la otra. Para obtener un mundo de completa simplicidad, sería necesario erradicar completamente la complejidad. Y, quedando solamente la simplicidad, ¿cómo podríamos saber qué cosas son verdaderamente simples? Semejante fracaso en la conquista de la simplicidad es un servicio importante para la humanidad.

A veces fracasamos. Si no son tres o cuatro veces por millón, al menos una vez, hoy por ti o por mí. Comencé mi camino personal hacia la simplicidad a principios de siglo, y soy el primero en admitir que no estoy en posesión de todas las respuestas. Algunos de mis pensamientos se considerarán inevitablemente erróneos. Pero la impaciencia incluida en la tercera Ley, la del TIEMPO, me impulsa a publicar este libro en este preciso momento, incluso a pesar de los fallos que quedan por resolver.

LOS FALLOS DE LA SIMPLICIDAD 1: EL EXCESO DE ACRÓNIMOS

1 REDUCIR: La manera más sencilla de alcanzar la simplicidad es mediante la reducción razonada.

2 ORGANIZAR: La organización puede hacer que un sistema complejo parezca más sencillo.

3 TIEMPO: El ahorro de tiempo simplifica las cosas.

4 APRENDIZAJE: El conocimiento lo simplifica todo.

Al desarrollar una metodología para respaldar la primera Ley, tuve que elegir entre ELLA (ESTILIZAR, OCULTAR, INTEGRAR) o SUYA (ESCONDER, AGRUPAR Y EXTRAER). Pronombre frente a adjetivo: ahí radica la primera diferencia, por lo que pensé en integrar las dos partes del discurso en el debate. Por ejemplo, jugué con la capacidad de hablar de la SUYA y de ELLA indistintamente en el desarrollo de la primera Ley. Pero lo que me decidió fue la presencia de EXTRAER en la SUYA, que me hizo abandonar la SUYA en beneficio de ELLA. A estas alturas me doy cuenta de que tuve razón en elegir una sola, dado que esto puede sonar como la famosa comedia de Abbott y Costello: «¿Quién va primero?».

Más adelante, en la segunda Ley, la de la ORGANIZACIÓN, introduje la noción de DESLIZAR (ÓRDENES, RÓTULOS, INTEGRAR, PRIORIZAR), hablé de ELLA de nuevo en la tercera Ley y, finalmente, intenté introducir discretamente mi cerebro (BRAIN) en la cuarta Ley, la del APRENDIZAJE, cuando pensaba que no había nadie mirando. Los acrónimos son una buena manera de simplificar ideas complejas, pero la monotonía de OAM (Otro Acrónimo Más) es demasiado.

LOS FALLOS DE LA SIMPLICIDAD 2: MALOS *GESTALTS*

5 DIFERENCIAS: La simplicidad y la complejidad se necesitan entre sí.

6 CONTEXTO: Lo que se encuentra en el límite de la simplicidad, realmente también es relevante.

7 EMOCIÓN: Es preferible que haya más emociones a que haya menos.

8 CONFIANZA: Confiamos en la simplicidad.

A medida que avanzamos en las Leyes a lo largo del libro, los temas van adoptando cierta ambigüedad. En la segunda Ley introduje el concepto de gestalt, o capacidad de la mente para «llenar el hueco», lo que justifica mi tendencia a permitir la interpretación creativa. No obstante, esta aclaración abierta puede resultar desconcertante si se toma con toda la lógica.

La quinta Ley, la de las DIFERENCIAS, implica que existe una armonía entre simple y complejo que se obtiene a través del instinto humano. En consecuencia, el instinto de cada uno es diferente, no existe una sola respuesta para alcanzar el equilibrio perfecto entre la simplicidad y la complejidad. Por la misma razón por la que hay diversos estilos musicales como la música clásica, el *rock* y el hiphop para satisfacer las diferencias culturales, en cuanto a la curiosidad y la moda, el ritmo de la simplicidad será variado.

Luego, en la sexta Ley, la del CONTEXTO, aconsejo evitar el problema existente y observar, en su lugar, el contexto global de la situación. Este enfoque puede parecer un poco irresponsable porque parece implicar que es preciso ignorar la tarea presente. En realidad, la sexta Ley no sugiere un camino de abandono directo, sino que aboga por la concentración del abismo invisible que vincula la tarea en primer plano con su contexto en segundo plano. No obstante, dado que el vínculo al que me refiero es imperceptible, no me parece justo pedir que se preste atención a lo que aparenta no ser nada. Imagino también que no sirve de nada decir que «nada es algo», porque parece que estoy sacando algo de donde no hay absolutamente nada (que es exactamente lo que estoy haciendo).

Cuando las emociones son una prioridad y los sentimientos profundos entran en juego, decido renunciar a la complejidad que se obtiene con más ornamento, más glamur y, generalmente, más sabor. De este modo, la séptima Ley, la de la EMOCIÓN, puede ser malinterpretada, y es posible pensar que las experiencias puras y simples son estériles y carentes de sentimientos. Todo depende de la personalidad de cada uno y del humor que se tenga en el preciso momento del compromiso. En ocasiones preferimos la claridad, y otras veces el caos. La séptima Ley preserva el derecho a cambiar de opinión.

Finalmente, en la octava Ley, la de la CONFIANZA, me refiero al Maestro del *sushi* como alguien merecedor de una fe absoluta. Casi en el mismo aliento, añado DESHACER como el poder deseable de no necesitar confianza alguna para llevar a cabo las propias acciones. Librarse de la presión puede ser una sensación fantástica; ¿entonces, ¿por qué no desearía el Maestro del *sushi* disponer de su propia tecla de DESHACER en forma de persona sentada junto al bar de *sushi*? Ciertos individuos magníficos, cuyos trabajos demandan una entrega máxima, tienden a negarse a sí mismos la ayuda de DESHACER, que perciben como una debilidad, aunque ello no significa que no sepan cómo relajarse. Después de todo, para eso está el *sake*.

EL ÚLTIMO FALLO: DEMASIADAS LEYES

9 FRACASO: En algunos casos nunca es posible alcanzar la simplicidad.

Cuando establecí mi objetivo inicial respecto a las Leyes de la Simplicidad, fijé un número de dieciséis, consciente de que eran demasiadas. Tras unos pocos procesos de DESLIZAR, reduje el número a nueve, ya en la atractiva categoría de un solo dígito. Supongo que aún es posible una mayor integración de las Leyes en un conjunto más reducido, pero en este preciso momento no es necesario, porque su evolución continúa en la web asociada *lawsofsimplicity.com*.

Para disfrute de los puristas de la simplicidad, que solicitan menos principios a seguir, proporciono acto seguido una única Ley para recordar que describo en la décima Ley siguiente: LA ÚNICA.

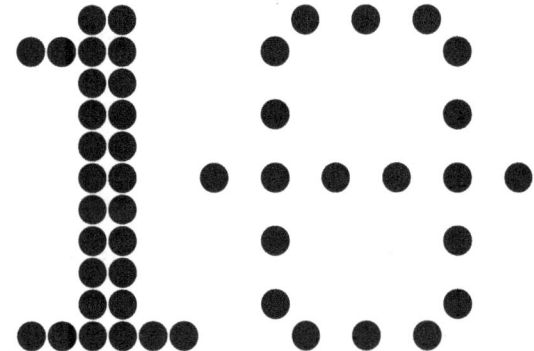

LEY 10. LA ÚNICA

La simplicidad consiste en sustraer lo que es obvio y añadir lo específico

La selección nacional japonesa de rugbi llegó a ser una gran potencia, pero ha decaído en los últimos años. Sin embargo, bajo la dirección de un nuevo entrenador francés, Jean-Pierre Elissalde, parece que están mejorando. Lo primero que hizo Elissalde en cuanto llegó fue evaluar el principal problema del equipo: los jugadores eran demasiado predecibles. A medida que se movían por el campo, se iban pasando la pelota con una exactitud mecánica que resultaba fácil de predecir para sus oponentes, por lo que eran fáciles de derrotar. Elissalde pedía a sus jugadores que fuesen como «burbujas en una copa de *champagne*», flotando hacia la superficie de forma inesperada y elegantemente fluida. La selección japonesa tuvo que aprender a utilizar más la intuición que la inteligencia.

La simplicidad es desesperadamente sutil, y muchas de las características que la definen son implícitas (obsérvese la similitud entre IMPLÍCITA y SIMPLICIDAD). Al beber de un trago de la filosofía relativa al *champagne* de Elissalde, llegué a una única y simplificada conclusión: *La simplicidad consiste en sustraer lo que es obvio y añadir lo específico.*

Diez leyes (10: *uno, cero*); le retiramos nada (0: *cero*) y nos queda uno (10: *uno*). En caso de duda, regresemos a la décima Ley: LA ÚNICA. Así es más simple.

Tras DESLIZAR mis observaciones mediante las diez Leyes de la Simplicidad, me percaté de que varias ideas no se ajustaban claramente a una sola Ley. Sin embargo, era posible apoyarlas sobre tres tecnologías específicas cuya relación con el tema de la simplicidad era particular. Al principio, pensé en REDUCIR el libro retirando estos tres capítulos. Pero al hablar con varios dirigentes de empresas me dio la impresión de que no lo tenían completamente claro, de modo que, por esta única Ley, decidí mantenerlos.

Clave 1

LEJOS

Más aparenta ser menos simplemente alejándose, alejándose mucho

Nunca olvidaré una fría noche de 1984 en Nueva Inglaterra, en la comodidad del dormitorio de un amigo, cuando le vi teclear cierto hechizo en el terminal de ordenador que le permitió saltar desde un servidor del MIT a otro servidor de la Universidad de Columbia. «¡No es posible!», dije. «¡Sí es posible!», respondió duramente, con una monotonía propia de Keanu Reeves.

Porque los grandes ordenadores centrales de la universidad eran más potentes que los entonces nuevos ordenadores personales, muchos de los estudiantes que entendían de tecnología optaban por terminales de datos de bajo coste, con una pantalla para mostrar texto que carecía de la potencia propia para procesar, pero que era capaz de conectarse a máquinas más potentes. Había una cierta demostración de virilidad en el hecho de tener menos recursos en la unidad física pero ser capaz de acceder, en cambio, a mucha más distancia.

Los ordenadores de escritorio actuales disponen de tanta capacidad de procesado como el servidor central del MIT al que nos

LEY 10. LA ÚNICA

conectábamos hace décadas. Aun con menos del uno por ciento de la capacidad de procesado de un ordenador medio, las aplicaciones básicas de procesador de textos y de hoja de cálculo pueden funcionar cómodamente. A pesar de ello, al disponer de una tal cantidad de memoria y de potencia, las aplicaciones actuales se han acabado recargando. Lo que antes podía instalarse mediante un simple disquete, ha ido creciendo hasta ocupar todo un CD, luego varios CD, después un DVD y, actualmente, varios DVD.

Cuando estos depósitos de datos sobredimensionados son vertidos en el ordenador, equivalen a un escape accidental de combustible en el océano de la información virtual. El resultado que se obtiene es un ordenador no tan reactivo como el día en que fue comprado, o que, en el peor de los casos, ni siquiera podrá encenderse. Mantener el ordenador actualizado puede parecer algo semejante a un trabajo a tiempo completo para su propietario.

Se está produciendo hoy una revolución que se parece un poco a un traspaso: el simple modelo de terminal de datos está recuperando su popularidad, no por su apariencia de virilidad, sino por su empleo del sentido común. Antes que manipular un montón de CD o de descargas de la Red para mantener en funcionamiento el ordenador de su escritorio, ¿por qué no limitarnos simplemente a acceder al *software* en un ordenador a distancia?

Observemos la potencia de Google, que funciona desde un simple campo de texto de nuestro explorador para acceder a la inmensa red de ordenadores y bases de datos de Google. Se nos evita tener en nuestros hogares las estanterías llenas de los equipos informáticos necesarios para procesar una consulta a Google. *Más aparenta ser menos simplemente alejándose, alejándose mucho.* Semejante experiencia se simplifica manteniendo el resultado en el ámbito local y desplazando el verdadero trabajo a una ubicación muy lejana.

Este modelo de aplicaciones informáticas que funcionan a distancia está ganando popularidad y se denomina «Servicio de *software*». Google, por el momento, es gratuito, pero podríamos imaginarlo como un futuro servicio en el que se pagaría por cada consulta o por cada mes de uso, dado el valor que ha venido adquiriendo. No olvidemos la comodidad de no tener que mantener o gestionar la potencia de procesado necesaria para que el *software* funcione en el ámbito local. En la actualidad, ya existen sistemas de *software* para empresas que trabajan con hojas de cálculo y en gestión de proyectos y manteniendo relaciones con los clientes, como el conocido salesforce.com, que se presenta como un gestor de servicios en la Red. Estos sistemas no solo parecen simples por estar alojados a distancia, sino que reconocen, además, de modo relevante, el hecho de que estamos en un mundo en movimiento donde con frecuencia muchas veces nos encontramos lejos de la oficina o del domicilio.

El modo en que se mantienen unas comunicaciones fiables con una tarea descentralizada es fundamental para la eficacia de LEJOS. Un teléfono compatible con la Red solo sirve cuando puede acceder de modo fiable a ella. En cambio, un servicio alojado a distancia necesita encontrarse a salvo de los últimos virus o de los ataques de los piratas informáticos. Es reconfortante pensar que, incluso en el siglo XXI, la cuestión de cómo mantener una relación a larga distancia sigue estando en el candelero.

Clave 2

ABRIR

La apertura simplifica la complejidad

Puede ser peligroso permanecer verdaderamente abierto en nuestra sociedad abierta. De manera rutinaria, las personas se arriesgan a sufrir daños emocionales al exponerse mediante las simples palabras: «Te amo». Cuando la respuesta es afirmativa, los ángeles cantan y las hadas danzan en el aire, pero cuando la respuesta es negativa, los ángeles y las hadas abandonan la ciudad para no volver. En la jerga del mundo de los negocios, profesar amor por alguien constituye una opción de riesgo elevado, con una posible recompensa, igualmente elevada. Como persona que se ha comprometido felizmente en una relación que lleva durando más de quince años, me alegro de haber asumido ese riesgo.

Las compañías no tienden a profesar amor de la misma manera, pero existe en las empresas una presión creciente para que diseñen productos que les permitan abrirse más. Abrir un sistema propio, lo mismo que cuando profesamos nuestro amor, constituye una actividad de alto riesgo que una compañía que declara sus beneficios de modo trimestral muchas veces no puede permitirse. ¿Quién podría hacer mal uso de la información?

¿Qué pasaría si nuestros competidores pudiesen manipular los secretos de nuestra compañía? ¿Por qué iría un consumidor a comprar aquello que piensa que él mismo podría fabricar fácilmente? No tiene sentido distribuir lo que creemos que es el núcleo que debe ser protegido, es decir, el conocimiento o la «propiedad intelectual», cuando se han realizado inversiones y esfuerzos tremendos en realizar un producto que tenga éxito.

En el mundo de la tecnología, el modelo de «fuente abierta» –en el que el código fuente, equivalente al plano de un *software*, se hace público– es designado como instrumento para generar un *software* que no solo sea gratuito, sino también más robusto que la mayoría del *software* que se encuentra en el mercado. El ejemplo más conocido es Linux, un sistema operativo que compite con Microsoft Windows. Linux es gratuito y su fuente está abierta, mientras que Windows es de pago y su fuente está cerrada.

Escuché una vez a un experto en Linux que explicaba en la radio que cuando Windows se avería no es posible repararlo porque la fuente está cerrada; en cambio, con Linux es posible. Esto resulta bastante desconcertante en realidad, ya que con el progreso de los programas de ordenador Linux se vuelve extremadamente complejo. Incluso teniendo acceso al código, el usuario medio del ordenador no es capaz de arreglar un problema. Para ello es necesario un experto. No obstante, existen en la Red miles de expertos en Linux que pueden responder, en cualquier momento, a los problemas habituales, como los fallos en la seguridad. Es más que probable que dichos expertos entren en acción incluso antes de poder hablar por teléfono con un verdadero empleado de Microsoft al teléfono. *La apertura simplifica la complejidad.* En un sistema abierto, la energía de los muchos puede contrarrestar el poder de los pocos.

Otro modelo de fuente abierta que es aceptable para las empresas que no desean distribuir su código fuente es la oferta de una interfaz de programación de aplicaciones. Amazon.com fue uno de los pioneros de esta fórmula al ofrecer un acceso abierto a sus componentes de funcionamiento, en lugar del verdadero código fuente, mediante el API de Amazon.com. Dicho API permite que cualquier persona en la Red pueda diseñar y fabricar su propia tienda de libros. Otro ejemplo es el API de Google Maps, que permite a otros programadores construir nuevas aplicaciones, como un planificador de ruta para los corredores o un mapa inmobiliario. Un API es, por tanto, una aproximación selectiva a sistemas abiertos en los que la funcionalidad, en lugar de planos como las fuentes abiertas, se ofrece a la comunidad en su conjunto hasta el extremo de que es posible ofrecer una capacidad excesiva de procesado. Observemos que esta funcionalidad, por lo general, se ofrece gratuitamente a la comunidad. Según la octava Ley, en la CONFIANZA radica una forma profunda de simplicidad. Cualquier tratado sobre técnicas de venta directa nos dice que la confianza constituye la base de una relación comercial sólida. Los sistemas abiertos realizan solicitudes únicas sobre la base de la economía de la confianza. Si está usted de acuerdo con el adagio «Es mejor dar que recibir», entonces las ganancias a largo plazo vinculadas a un sistema abierto también le resultarán obvias. Si el capitalismo convencional es la brújula que marca su rumbo, y si al escuchar las palabras «confía en mí», las interpreta como «que te jodan», probablemente escoja el modo cerrado. No obstante, existen señales que indican que una modalidad abierta «gratuita» puede conducir a una modalidad «de pago». Por ejemplo, el popular marco de trabajo en la Red «Ruby on Rails», de 37signals, es totalmente gratuito, pero va acompañado por servicios simultáneos de pago. Ciertamente, el caso sobre el concepto de apertura está abierto.

Clave 3
ENERGÍA

Utiliza menos, gana más

Todos los dispositivos recargables que tengo son como una nueva mascota a la que debo dar de comer. La magia de los sistemas inalámbricos como los teléfonos móviles, los ordenadores portátiles y otros es liberadora, aunque exista un peaje para cada uno de los dispositivos que adquiero. Sé que, si no alimento cada uno de los dispositivos con regularidad, las baterías comienzan a descargarse y su eficacia acaba por desaparecer.

Tengo un iPod, pero en realidad ya no escucho música; prefiero escuchar los sonidos que me rodean. Se encuentra sobre mi escritorio y suelo encenderlo una vez cada varias semanas solamente para comprobar que la batería está descargada. Con el extraño sentimiento ritual de tratar a un paciente con una enfermedad crítica, me apresuro a conectar al amiguito a la toma de corriente y compruebo, aliviado, que aún tiene pulso. Pero sé, en el fondo de mi mente, que llegará el día en que no se despertará de su profundo sueño debido a la naturaleza limitada de la tecnología de las baterías recargables. Los seres humanos nos desgastamos; es, por tanto, justo y natural que las baterías también se desgasten.

Mi colega, el profesor Joseph Paradiso, está desarrollando nuevas soluciones para el problema de la energía. Con su equipo de trabajo en el MIT, ha inventado un conmutador inalámbrico autoalimentado que recoge la energía generada al pulsar un botón para enviar una señal de radiofrecuencia. Dicho de otro modo, el llavero que sirve para activar la alarma de su coche ya no necesitará una batería; en su lugar, utilizará únicamente la energía que recoge cuando se pulsa el botón. Es solo un pequeño conmutador doméstico, pero es probablemente uno de los inventos más populares del Laboratorio de Medios. Existe un proyecto de trabajo similar sobre la vida de las baterías para circuitos electrónicos de potencia extremadamente baja que permite que determinados dispositivos funcionen durante décadas con una sola batería. Los dispositivos electrónicos nunca podrán llegar a ser sencillos a menos que sean liberados de su dependencia de la energía. Un dispositivo electrónico aparentemente no enchufado puede parecer un contrasentido, pero es preciso conseguirlo.

Estados Unidos se encuentra en un punto de inflexión en su desarrollo. El creciente costo del carburante y su inevitable relación con el clima geopolítico complica cualquier debate acerca de la energía. La necesitamos y, con el incremento constante de la población mundial, siempre querremos y siempre necesitaremos más. Una batería recargable, o cualquier tipo de batería para tal fin, reviste una apariencia de libertad que parece liberarnos de la dependencia de una alimentación externa. Pero toda energía procede de algún sitio y emplea energía en su camino hacia el consumidor: las baterías deben ser fabricadas e, igual que sucede con los paneles solares, el combustible debe ser transportado a lo largo de grandes distancias. La única solución previsible es que la humanidad en su conjunto consuma menos energía, y que la emplee de modo más sabio. *Utiliza menos, gana más.* Un sacrificio personal puede traducirse directamente en un acto filantrópico hacia el mundo que, aunque no sirva para desgravar, tiene un sentido simple.

Practico mi propia «informática sostenible». Recientemente, he comenzado a jugar al equivalente del osado juego del «gallina» entre los hombres de negocios, en el que compruebo cuánto partido puedo sacar a mi ordenador portátil a lo largo de un viaje sin el cable de alimentación. En el sector del diseño, existe la creencia de que cuantas más limitaciones haya, mejores serán las soluciones obtenidas. Cuando ya quedan solamente catorce minutos de carga en mi ordenador portátil, pienso que realmente puedo hacer mucho más que cuando está conectado a la Red y tengo energía ilimitada. La urgencia y el espíritu creativo van de la mano, y la innovación como resultado positivo es un beneficio deseable. La cantidad de personas que podrán contemplar el beneficio de este enfoque decidirá el punto final de la barra de progreso de nuestro glorioso planeta Tierra. El incremento de las costumbres que tienen como resultado el ahorro de energía, así como el apoyo a las innovaciones tecnológicas para captar y almacenar energía, tienen como objetivo un mundo en el que los más poderosos ejemplos de simplicidad son aquellos que, irónicamente, parecen menos potentes.

Las tres Claves, LEJOS, ABRIR y POTENCIA, constituyen marcadores importantes de la tecnología para el futuro de la simplicidad.

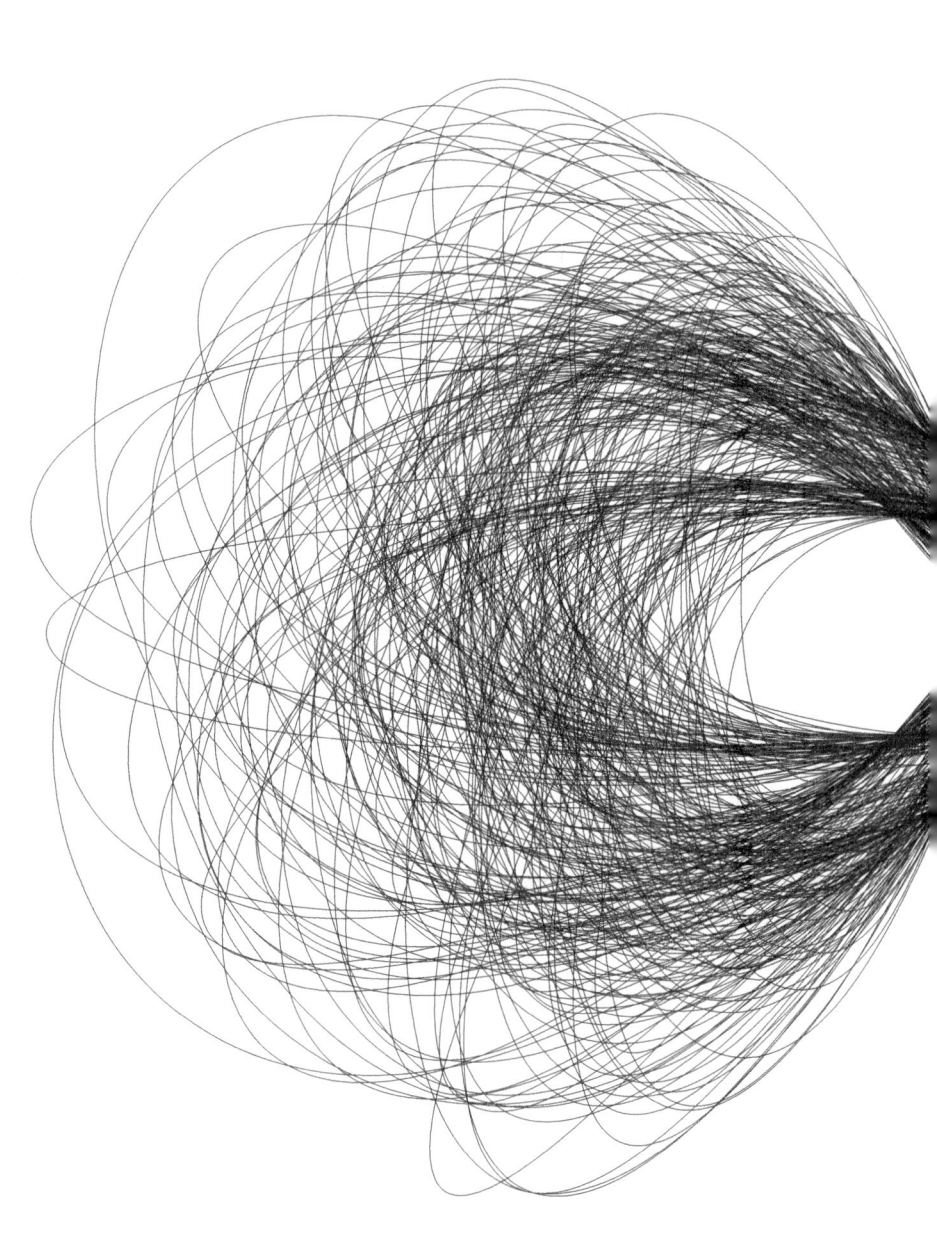

VIDA

La tecnología y la vida se vuelven complejas únicamente si se lo autorizamos

Al hacer un dibujo con un bolígrafo y un papel en la escuela de arte y tratar de utilizar la inexistente tecla DESHACER para corregir un error, comencé a pensar que la tecnología me estaba transformando más de lo que yo la transformaba a ella. Más o menos al mismo tiempo, un amigo me habló del pensador Ivan Illich y de sus textos acerca de cómo la aparición de nuevas profesiones ha acabado desactivando a la persona media. Los abogados resuelven problemas entre personas que nosotros mismos resolvíamos en el pasado y los médicos curan a la gente, mientras que en el pasado nosotros sabíamos cuáles eran las plantas del bosque con propiedades medicinales. La lección que he aprendido del trabajo de Illich es que, aunque la tecnología es un activador estimulante, también puede ser un *desactivador* desesperante.

Recuerdo, por ejemplo, haber esperado varios días para recibir una recarga para mi impresora de etiquetas cuando se me ocurrió que podía escribir simplemente en las carpetas con un bolígrafo. O cuando, cada vez que hay una pregunta acerca de una palabra que desconozco, mi primer instinto es ir a dictionary.com. Pero, en el tiempo que tardo en encender el ordenador para teclear la duda, alguien ya ha encontrado la respuesta buscando en uno de los diccionarios de verdad que hay en casa. He permanecido delante de un público de cientos de personas esperando, nervioso, mientras mi ordenador trataba de comunicarse sin éxito con el proyector de datos; solo entonces se me ha ocurrido que mi trabajo iría mejor si presentase mis ideas sin la ayuda de PowerPoint. El efecto desactivador de la tecnología puede resultar gracioso al recordarlo. Pero a veces me pregunto si solo sirve para convertirnos en autómatas equipados con un Blackberry.

Cada día, algunos de los jóvenes más brillantes del mundo vienen a verme a mi oficina del MIT. Aunque oficialmente yo soy su profesor, muchas veces me parece que soy su discípulo. Recuerdo, por ejemplo, a un estudiante llamado Marc que trabajaba como voluntario en refugios para indigentes que se encontraban al final de sus vidas. Aunque venía de una familia acomodada y hubiera podido dar la espalda fácilmente a los desheredados, Marc decía que siempre había sentido el impulso de ayudar a aquellos que lo necesitan. Me decía que, cuando trabajaba en el refugio, se dio cuenta de que cada uno de los pacientes tenía una sola estantería junto a su cama con todas sus posesiones. Esta situación le hizo preguntarse en silencio: «¿Cuáles son las pocas cosas de valor que pueden permitirse conservar al final de su vida, cuando ya les queda tan poco?». Un anillo, una fotografía u otra pequeña nota era todo cuanto podía encontrar. Conmovido, Marc supuso que los recuerdos son todo lo que importa al final.

Cuando toda nuestra vida se condensa en una sola estantería de curiosidades, ¿cuáles son los recuerdos que conservaríamos? La vida puede ser compleja, pero al final, según Marc, la vida es simple.

Las diez Leyes y las tres Claves no son la culminación de mis reflexiones acerca de la simplicidad. Animado por aquellos con quienes he compartido hasta ahora estos pensamientos, he decidido continuar esta misión.

DIEZ LEYES

1 REDUCIR: La manera más sencilla de alcanzar la simplicidad es mediante la reducción razonada.

2 ORGANIZAR: La organización permite que un sistema complejo parezca más sencillo.

3 TIEMPO: El ahorro de tiempo simplifica las cosas.

4 APRENDIZAJE: El conocimiento lo simplifica todo.

5 DIFERENCIAS: La simplicidad y la complejidad se necesitan entre sí.

6 CONTEXTO: Lo que se encuentra en el límite de la simplicidad también es relevante.

7 EMOCIÓN: Es preferible que haya más emociones a que haya menos.

8 CONFIANZA: Confiamos en la simplicidad.

9 FRACASO: En algunos casos nunca es posible alcanzar la simplicidad.

10 LA ÚNICA: La simplicidad consiste en sustraer lo que es obvio y añadir lo específico.

TRES CLAVES

1 LEJOS: Más aparenta ser menos simplemente alejándose, alejándose mucho.

2 ABRIR: La apertura simplifica la complejidad.

3 ENERGÍA: Utiliza menos, gana más.

LIBROS

Algunos libros han inspirado cada uno de los capítulos; los menciono aquí como deuda por la inspiración que me han proporcionado. He decidido no incluir una lista de entradas bibliográficas para cada uno porque la búsqueda de cada libro ha sido simplificada gracias a la Red; ¿entonces, por qué hacer que parezca complicado?

SIMPLICIDAD = EQUILIBRIO
The Tipping Point, de Malcolm Gladwell (2002)
La necesidad de la simplicidad ha alcanzado el punto de inflexión.

REDUCIR
Por qué más es menos, de Barry Schwartz (2005)
Proporciona las bases para explicar por qué poco puede ser mejor que mucho.

ORGANIZAR
Notes on the Synthesis of Form, de Christopher Alexander (1964)
Ideas acerca de la organización, tal y como se ve en la arquitectura.

TIEMPO
El sistema de producción Toyota, de Ohno Taiichi (1988)
Un tratado acerca de la optimización de la producción del Maestro de Toyota.

APRENDER
Motivación y personalidad, de Abraham Maslow (1970)
¿Qué es lo que realmente motiva a las personas?

DIFERENCIAS
La solución de los innovadores, de Clay Christensen (2003)

Una explicación sencilla de los efectos del cambio aportado por la tecnología.

CONTEXTO

Seis propuestas para el próximo milenio, de Italo Calvino (1993)
Pensamientos brillantes y bellos, simplemente, acerca de todo.

EMOCIÓN

El diseño emocional, de Donald Norman (2003)
El gurú de la *usabilidad* fabrica una caja para todo lo que es inútil.

CONFIANZA

The Long Tail, de Chris Anderson (2006)
Añadir todas las pequeñas cosas realmente es importante.

LEJOS

Técnica y civilización, de Lewis Mumford (1963)
El trabajo de cara al futuro realizado por un hombre que está en contacto con su tiempo.

ABRIR

Cien mejor que uno, de James Surowiecki (2004)
Sostiene que el grupo es más importante que el individuo.

ENERGÍA

Cradle to Cradle, de W. McDonough y M. Braungart (2002)
Nos estamos quedando sin energía, y hay que hacer algo.

VIDA

Disabling Professions, de Ivan Illich (1978)
Nos recuerda que cada vez somos más inútiles.

ÍNDICE ANALÍTICO

Una vez leí una crítica mordaz acerca de un libro en Amazon.com que no incluía índice, y que tampoco incluía referencias de cada ítem que presentaba. Para *Las leyes de la simplicidad*, he realizado una selección concienzuda para no crear un libro que sea un compendio de hechos, porque no me siento cómodo con ese tipo de complejidad. En cambio, sí que puedo con un índice.

¿QUEDA ALGUIEN POR AHÍ?

2 DE FEBRERO DE 2005

Solía ver en la piscina del MIT a un compañero de mayor edad casi a diario. Me dijo que era un profesor de lengua jubilado.

Hoy le he visto de nuevo en el vestuario después de mucho tiempo y hemos mantenido una breve conversación acerca de la «inseguridad», un tema sobre el que he estado pensando.

—El problema de la inseguridad es que, si somos demasiado inseguros, no crecemos, porque el miedo al fracaso nos paraliza —le he dicho de forma inesperada—. Por otra parte, si no tenemos inseguridad, entonces tampoco crecemos, porque tenemos una cabeza tan grande que somos incapaces de reconocer nuestros fallos.

—En el equilibrio está la solución –ha respondido el profesor emérito.

Entonces he añadido:

—Pero, si estamos en el centro, tenemos que movernos hacia los lados y oscilar un poco para saber que estamos centrados.

—A veces es posible perderse en el medio —ha dicho.

Ambos nos hemos quedado en silencio y he terminado de guardar mis cosas.

Entonces, mientras me ataba los cordones de mis zapatos, he exclamado: «Mentores».

El profesor emérito ha dicho con voz firme:

—Los mentores son necesarios para infundir valentía. Entonces, pesaroso, me he defendido:

—Pero todos los mentores tienden a marcharse conforme nos hacemos mayores.

El profesor emérito, tras una pausa, ha respondido:

—Sí, porque ya no los necesitas.

Le he dado la mano y le he dicho:

—Gracias por la lección.

El profesor ha sonreído mientras se ponía los calcetines y los zapatos, y he salido del vestuario pensando: «El ejercicio es realmente bueno para el corazón».

MAENZ

Herder Editorial se declara a disposición del traductor,
al que nos ha sido imposible localizar.